W0299897

Klasse vorbereitet

Klassenarbeitstrainer

Mathematik
Gymnasium
6

Schroedel

Klasse vorbereitet
Klassenarbeitstrainer
Mathematik
Gymnasium 6

Gotthard Jost
sowie Rolf Hermes und Hartmut Seeger

Gotthard Jost unterrichtet Mathematik und Biologie in den Sekundarstufen I und II an einer Gesamtschule. Durch seine langjährige Erfahrung im Unterricht und im Nachhilfebereich weiß er, welche Schwierigkeiten in der Mathematik besonders häufig auftreten und wie sie zu meistern sind.

Druck 1/Jahr 2012

Kontakt: lernhilfen@schroedel.de
Herstellung: Sandra Grünberg
Umschlaggestaltung und Innenlayout: Maike Frach, Braunschweig
Illustrationen: Hans-Jürgen Feldhaus, Münster
Redaktion und Satz: imprint, Zusmarshausen
Druck und Bindung: westermann druck GmbH, Braunschweig

ISBN 978-3-507-**23257**-0

Vorwort

Liebe Schülerin, lieber Schüler,

mit diesem Buch gelangst du in drei Schritten zur erfolgreichen Klassenarbeit:

Verstehen: Lerne und wiederhole wichtige **Regeln**. Ausführliche Beispiele und Erklärungen erleichtern dir das Verstehen.

Üben: Abwechslungsreiche **Tests** üben den Lernstoff ein. Wenn du dir einmal nicht sicher bist, wie eine Aufgabe gelöst wird, schaue in den Regeln nach.

Können: Genug geübt? Dann schreibe eine **Klassenarbeit** wie in der Schule! Die Zeitangabe auf jeder Klassenarbeit gibt an, wie viel Zeit dir zur Verfügung steht.

Mithilfe des **Lösungsteils** hinten im Buch kannst du kontrollieren, ob du alle Aufgaben richtig bearbeitet hast.
Hier findest du auch den Bewertungsschlüssel für die Klassenarbeiten.

Zwei Symbole begleiten dich durch das Buch: Der Smiley macht dich auf Tipps und Tricks aufmerksam, das Ausrufezeichen kennzeichnet Aufgaben, die etwas kniffliger sind.

Solltest du einmal nicht genug Platz zum Bearbeiten der Aufgaben finden, nimm einfach ein Heft zur Hand.

Viel Erfolg bei der nächsten Klassenarbeit!

Gotthard Jost

Inhaltsverzeichnis

1 Rechnen mit Bruchzahlen **6**
Test 1: Brüche darstellen 10
Test 2: Brüche addieren und subtrahieren 11
Test 3: Brüche multiplizieren und dividieren 12
Test 4: Aufgaben für Experten 13
Klassenarbeit Nr. 1 15

2 Rechnen mit Dezimalbrüchen **18**
Test 1: Umrechnen, vergleichen und runden 22
Test 2: Addieren und subtrahieren 23
Test 3: Multiplizieren und dividieren 24
Test 4: Aufgaben für Experten 25
Klassenarbeit Nr. 2 27

3 Rationale Zahlen **30**
Test 1: Addition und Subtraktion 33
Test 2: Multiplikation und Division 34
Test 3: Aufgaben für Experten 35
Klassenarbeit Nr. 3 36

4 Kreise und Winkel **38**
Test 1: Kreise 42
Test 2: Winkel und Winkelarten 44
Test 3: Winkel messen und zeichnen 45
Test 4: Aufgaben für Experten 46
Klassenarbeit Nr. 4 47

5 Abbildung in der Ebene und Symmetrie **49**
Test 1: Verschiebungen und Drehungen 51
Test 2: Spiegelungen 52
Test 3: Eigenschaften von Abbildungen 53
Test 4: Symmetrien 54
Klassenarbeit Nr. 5 55

6 Flächen und Umfang ... 59
Test 1: Dreiecke und Vierecke ... 62
Test 2: Kreise und Vielecke ... 63
Test 3: Verschiedene Figuren ... 65
Test 4: Aufgaben für Experten ... 66
Klassenarbeit Nr. 6 ... 67

7 Zuordnungen und Proportionalität ... 70
Test 1: Zuordnungen und Zahlenpaare ... 74
Test 2: Proportionalität (1) ... 75
Test 3: Proportionalität (2) ... 76
Test 4: Aufgaben für Experten ... 78
Klassenarbeit Nr. 7 ... 80

8 Prozentrechnung ... 83
Test 1: Prozentsätze bestimmen ... 86
Test 2: Prozentwerte bestimmen ... 87
Test 3: Rechnen mit Prozenten, Darstellung ... 88
Test 4: Aufgaben für Experten ... 89
Klassenarbeit Nr. 8 ... 90

9 Daten und Wahrscheinlichkeiten ... 92
Test 1: Häufigkeit; Laplace-Wahrscheinlichkeit ... 96
Test 2: Wahrscheinlichkeiten bestimmen ... 97
Test 3: Mit Wahrscheinlichkeiten rechnen ... 98
Test 4: Zweistufige Zufallsexperimente ... 99
Klassenarbeit Nr. 9 ... 100

Lösungen ... 102

Stichwortverzeichnis ... 127

1 Rechnen mit Bruchzahlen

Brüche und Bruchteile

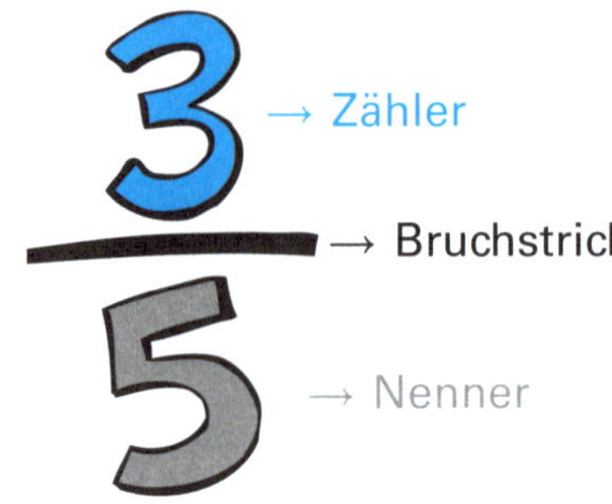

Brüche beschreiben Teile eines Ganzen. Ein Bruch besteht aus einem Zähler, einem Nenner und einem Bruchstrich, wie z. B. $\frac{3}{5}$.
Der Nenner steht unter dem Bruchstrich und gibt an, in wie viele gleich große Teile das Ganze geteilt wird (im Beispiel rechts in 5).
Der Zähler steht über dem Bruchstrich und gibt an, wie viele Teile man davon hat (im Beispiel rechts 3).

Der Bruchstrich hat die gleiche Bedeutung wie ein Divisionszeichen.
Der Bruch $\frac{3}{5}$ kann also auch als $3:5$ geschrieben werden und umgekehrt.
Brüche mit dem Nenner 0 existieren nicht, da nicht durch 0 geteilt werden darf!
Möchte man einen Bruchteil von einer Zahl oder einer Größe berechnen, dividiert man zunächst das Gesamte durch den Nenner des Bruches und multipliziert das Ergebnis anschließend mit dem Zähler.
Beispiel 1: $\frac{2}{7}$ von $21 = (21:7)\cdot 2 = 3\cdot 2 = 6$; $\frac{4}{9}$ von $45\,\text{kg} = (45\,\text{kg}:9)\cdot 4 = 5\,\text{kg}\cdot 4 = 20\,\text{kg}$

Echte Brüche, unechte Brüche und gemischte Zahlen

Brüche, bei denen der Zähler **kleiner** ist als der Nenner, nennt man **echte Brüche**.
Ist der Zähler 1, nennt man den Bruch auch **Stammbruch**.
Beispiel 2: $\frac{1}{3}$ (Stammbruch); $\frac{2}{5}$; $\frac{19}{20}$

Ist der Zähler **größer oder gleich** dem Nenner, spricht man von einem **unechten Bruch**.
Beispiel 3: $\frac{4}{3}$; $\frac{6}{5}$; $\frac{12}{4}$; $\frac{9}{9}$

Da unechte Brüche immer mindestens ein Ganzes oder mehr angeben, kann man sie in **gemischte Zahlen** umwandeln.
Beispiel 4: $\frac{4}{3} = \frac{3}{3} + \frac{1}{3} = 1 + \frac{1}{3} = 1\frac{1}{3}$; $\frac{6}{5} = 1\frac{1}{5}$; $\frac{12}{4} = 3$; $\frac{9}{9} = 1$

Kürzen, erweitern und vergleichen

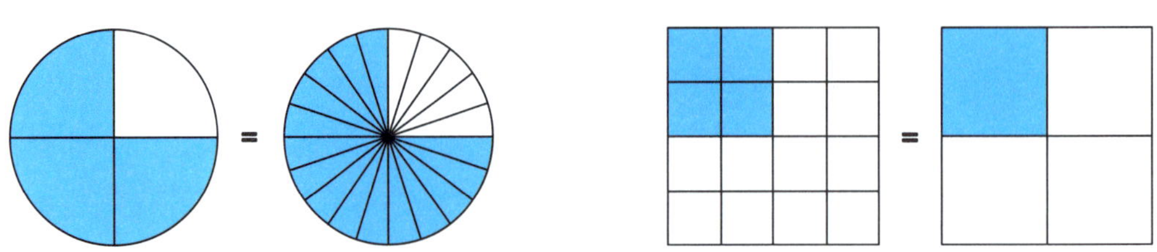

Verändert man die die Einteilung, kann man verschiedene Brüche erhalten, die alle denselben Anteil beschreiben, die also alle denselben Wert haben.

Eine solche Veränderung der Einteilung nennt man **kürzen** oder **erweitern**.

Man **erweitert** einen Bruch, indem man Zähler und Nenner mit derselben natürlichen Zahl (außer 0 und 1) multipliziert.

Beispiel 5: $\frac{3}{4} = \frac{3 \cdot 5}{4 \cdot 5} = \frac{15}{20}$

Man **kürzt** einen Bruch, indem man Zähler und Nenner durch dieselbe natürliche Zahl (außer 0 und 1) teilt.

Beispiel 6: $\frac{4}{16} = \frac{4:4}{16:4} = \frac{1}{4}$

Beim Kürzen wird oft diese Schreibweise verwendet:

$\frac{\overset{1}{\cancel{4}}}{\underset{4}{\cancel{16}}} = \frac{1}{4}$

Erweitern und Kürzen **verändert den Wert des Bruches nicht**.

Ein **Größenvergleich** von Brüchen ist nur möglich, wenn man sie **gleichnamig** macht, d. h. auf ihren **Hauptnenner** (das kleinste gemeinsame Vielfache (kgV) der Nenner) erweitert.
Sind zwei Brüche gleichnamig, ist derjenige größer, der den größeren Zähler hat.

Beispiel 7: $\frac{1}{3} = \frac{2}{\mathbf{6}}$ und $\frac{1}{2} = \frac{3}{\mathbf{6}}$,
denn kgV (2; 3) = **6**, also: $\frac{1}{3} = \frac{\mathbf{2}}{6} < \frac{\mathbf{3}}{6} = \frac{1}{2}$

$\frac{1}{3}$ 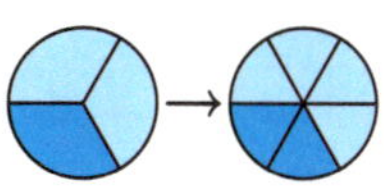 $\frac{2}{6}$ $\frac{1}{2}$ 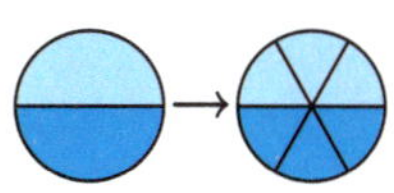 $\frac{3}{6}$

„Sieht" man den Hauptnenner nicht sofort, kann man ihn finden, indem man die beiden Nenner in ihre Primfaktoren zerlegt und das Produkt **aller** gemeinsam auftretenden Primfaktoren bildet. Beispiel: Gesucht ist das kgV von 12 und 14. $12 = 2 \cdot 2 \cdot 3$; $14 = 2 \cdot 7$. $\text{kgV} = 2 \cdot 2 \cdot 3 \cdot 7 = 84$.

Brüche addieren und subtrahieren

Gleichnamige Brüche werden addiert oder subtrahiert, indem man die Zähler addiert oder subtrahiert und den Nenner beibehält.
Das Ergebnis sollte, falls möglich, gekürzt und in echte Brüche umgewandelt werden.

Beispiel 8: a) $\frac{1}{8} + \frac{3}{8} = \frac{1+3}{8} = \frac{4}{8} = \frac{\overset{1}{\cancel{4}}}{\underset{2}{\cancel{8}}} = \frac{1}{2}$ b) $\frac{7}{12} - \frac{5}{12} = \frac{7-5}{12} = \frac{\overset{1}{\cancel{2}}}{\underset{6}{\cancel{12}}} = \frac{1}{6}$

Brüche **mit unterschiedlichen Nennern** müssen zuerst auf den Hauptnenner erweitert werden. Anschließend verfährt man wie bei gleichnamigen Brüchen.

Beispiel 9: a) $\frac{1}{2} + \frac{2}{3} = \frac{3}{6} + \frac{4}{6} = \frac{3+4}{6} = \frac{7}{6} = 1\frac{1}{6}$ b) $\frac{11}{12} - \frac{7}{18} = \frac{33}{36} - \frac{14}{36} = \frac{33-14}{36} = \frac{19}{36}$

Enthält die Aufgabe **gemischte Zahlen**, gibt es zwei Möglichkeiten.

1. Möglichkeit: Alle gemischten Zahlen werden in unechte Brüche verwandelt.

Beispiel 10: $3\frac{2}{5} + 4\frac{5}{6} = \frac{17}{5} + \frac{29}{6} = \frac{102}{30} + \frac{145}{30} = \frac{102+145}{30} = \frac{247}{30} = 8\frac{7}{30}$

2. Möglichkeit: Man berechnet die ganzzahligen Anteile und die Brüche getrennt.
So werden große Zahlen im Zähler vermieden.

Beispiel 11: $3\frac{2}{5} + 4\frac{5}{6} = (3+4) + \left(\frac{2}{5} + \frac{5}{6}\right) = 7 + \frac{12+25}{30} = 7 + \frac{37}{30} = 7 + 1\frac{7}{30} = 8\frac{7}{30}$

Wenn die Zwischenergebnisse der ganzzahligen und der gebrochenen Anteile **verschiedene Vorzeichen**[1] haben, ist die 1. Methode oft günstiger.

Beispiel 12: $4\frac{1}{8} - 3\frac{3}{8} = (4-3) + \left(\frac{1}{8} - \frac{3}{8}\right) = 1 + \left(-\frac{\overset{1}{\cancel{2}}}{\underset{4}{\cancel{8}}}\right) = 1 - \frac{1}{4} = \frac{3}{4}$,

einfacher wäre: $4\frac{1}{8} - 3\frac{3}{8} = \frac{33}{8} - \frac{27}{8} = \frac{\overset{3}{\cancel{6}}}{\underset{4}{\cancel{8}}} = \frac{3}{4}$

Brüche multiplizieren

Zwei Brüche werden miteinander **multipliziert**, indem die beiden Zähler und die beiden Nenner miteinander multipliziert werden: $\mathbf{\frac{a}{b}\cdot\frac{c}{d} = \frac{a\cdot c}{b\cdot d}}$.

Beispiel 13: $\frac{4}{7}\cdot\frac{5}{9} = \frac{4\cdot5}{7\cdot9} = \frac{20}{63}$

Die Brüche sollten, falls möglich, **zunächst gekürzt** werden.

Beispiel 14: a) $\frac{3}{11}\cdot\frac{6}{7} = \frac{3\cdot6}{11\cdot7} = \frac{18}{77}$ b) $\frac{6}{13}\cdot\frac{5}{8} = \frac{6\cdot5}{13\cdot8} = \frac{\overset{3}{\cancel{6}}\cdot5}{13\cdot\underset{4}{\cancel{8}}} = \frac{3\cdot5}{13\cdot4} = \frac{15}{52}$

c) $\frac{8}{15}\cdot\frac{5}{12} = \frac{8\cdot5}{15\cdot12} = \frac{\overset{2}{\cancel{8}}\cdot5}{15\cdot\underset{3}{\cancel{12}}} = \frac{2\cdot\overset{1}{\cancel{5}}}{\underset{3}{\cancel{15}}\cdot3} = \frac{2\cdot1}{3\cdot3} = \frac{2}{9}$

Gemischte Zahlen werden zunächst in unechte Brüche verwandelt.

Beispiel 15: a) $\left(4\frac{2}{3}\right)\cdot\frac{9}{14} = \frac{14}{3}\cdot\frac{9}{14} = \frac{\overset{1}{\cancel{14}}\cdot\overset{3}{\cancel{9}}}{\underset{1}{\cancel{3}}\cdot\underset{1}{\cancel{14}}} = \frac{1\cdot3}{1\cdot1} = \frac{3}{1} = 3$

b) $2\frac{2}{3}\cdot3\frac{3}{4} = \frac{8}{3}\cdot\frac{15}{4} = \frac{\overset{2}{\cancel{8}}\cdot\overset{5}{\cancel{15}}}{\underset{1}{\cancel{3}}\cdot\underset{1}{\cancel{4}}} = \frac{2\cdot5}{1\cdot1} = \frac{10}{1} = 10$

Brüche dividieren

Zwei Brüche werden durcheinander **dividiert**, indem man den ersten Bruch mit dem Kehrwert des zweiten Bruches multipliziert: $\frac{a}{b}:\mathbf{\frac{c}{d}} = \frac{a}{b}\cdot\mathbf{\frac{d}{c}} = \frac{a\cdot d}{b\cdot c}$

Beispiel 16: a) $\frac{3}{8}:\frac{7}{12} = \frac{3}{\underset{2}{\cancel{8}}}\cdot\frac{\overset{3}{\cancel{12}}}{7} = \frac{3\cdot3}{2\cdot7} = \frac{9}{14}$ b) $2\frac{1}{2}:5\frac{5}{8} = \frac{5}{2}:\frac{45}{8} = \frac{\overset{1}{\cancel{5}}}{\underset{1}{\cancel{2}}}\cdot\frac{\overset{4}{\cancel{8}}}{\underset{9}{\cancel{45}}} = \frac{1\cdot4}{1\cdot9} = \frac{4}{9}$

Bei **Doppelbrüchen** wird der Hauptbruchstrich als Divisionszeichen „:" geschrieben. Gemischte Zahlen werden in unechte Brüche verwandelt.

Beispiel 17: a) $\frac{4\frac{7}{10}}{\frac{4}{5}} = 4\frac{7}{10}:\frac{4}{5} = \frac{47}{\underset{2}{\cancel{10}}}\cdot\frac{\overset{1}{\cancel{5}}}{4} = \frac{47\cdot1}{2\cdot4} = \frac{47}{8} = 5\frac{7}{8}$

b) $\frac{3\frac{1}{2}}{2\frac{5}{6}} = 3\frac{1}{2}:2\frac{5}{6} = \frac{7}{2}:\frac{17}{6} = \frac{7}{\underset{1}{\cancel{2}}}\cdot\frac{\overset{3}{\cancel{6}}}{17} = \frac{7\cdot3}{1\cdot17} = \frac{21}{17} = 1\frac{4}{17}$

Bei der Multiplikation von Brüchen darfst du auch kürzen, ohne die Produkte der Zähler und Nenner auf bzw. unter einen gemeinsamen Bruchstrich zu schreiben.

$\frac{47}{10}\cdot\frac{5}{4} = \frac{47\cdot\overset{1}{\cancel{5}}}{\underset{2}{\cancel{10}}\cdot4} = \frac{47}{8} = 5\frac{7}{8}$ oder

$\frac{47}{\underset{2}{\cancel{10}}}\cdot\frac{\overset{1}{\cancel{5}}}{4} = \frac{47\cdot1}{2\cdot4} = \frac{47}{8} = 5\frac{7}{8}$

1 Zum Rechnen mit negativen Brüchen → Kapitel 3, Rationale Zahlen.

Rechenregeln

Für das Rechnen mit Brüchen gelten
- alle Regeln („Punkt-vor-Strich", „Klammer zuerst") und
- Gesetze (Kommutativgesetz, Assoziativgesetz, Distributivgesetz),

die du schon von den natürlichen Zahlen (ℕ) aus der 5. Klasse kennst.
Du findest die Gesetze auch nochmal alle auf → Seite 32.

Beispiel 18: Punkt- vor Strichrechnung

$$\frac{7}{12} - \frac{2}{3}\cdot\frac{4}{5} = \frac{7}{12} - \frac{8}{15} = \frac{35-32}{60} = \frac{\overset{1}{\cancel{3}}}{\underset{20}{\cancel{60}}} = \frac{1}{20}$$

Beispiel 19: Klammer zuerst

$$\frac{2}{3}\cdot\left(\frac{4}{5} - \frac{7}{12}\right) = \frac{2}{3}\cdot\frac{48-35}{60} = \frac{2}{3}\cdot\frac{13}{60} = \frac{\overset{1}{\cancel{2}}\cdot 13}{3\cdot\underset{30}{\cancel{60}}} = \frac{1\cdot 13}{3\cdot 30} = \frac{13}{90}$$

Beispiel 20: Distributivgesetz

$$\frac{9}{10}\cdot\left(\frac{15}{18} - \frac{5}{12}\right) = \frac{\overset{1}{\cancel{9}}}{\underset{2}{\cancel{10}}}\cdot\frac{\overset{3}{\cancel{15}}}{\underset{2}{\cancel{18}}} - \frac{\overset{3}{\cancel{9}}}{\underset{2}{\cancel{10}}}\cdot\frac{\overset{1}{\cancel{5}}}{\underset{4}{\cancel{12}}} = \frac{1\cdot 3}{2\cdot 2} - \frac{3\cdot 1}{2\cdot 4} = \frac{3}{4} - \frac{3}{8} = \frac{6-3}{8} = \frac{3}{8}$$

Brüche als Maßzahlen

Brüche begegnen uns in vielen Bereichen des täglichen Lebens, meist als Maßzahlen einer Maßeinheit.

Beispiel 21: eine $\frac{3}{4}$h, das Gewinde eines Wasserhahn misst $\frac{3}{8}$ Zoll, Wein kann man in der Gaststätte in der Menge $\frac{1}{8}\ell$ und $\frac{1}{4}\ell$ bestellen, eine halbe Tonne Weizen, eine viertel Tankfüllung etc.

Oft ist es sinnvoll, diese Maßzahlen in die nächstkleinere Maßeinheit umzurechnen, da man dann ganze Maßzahlen erhält.

Beispiel 22: eine $\frac{3}{4}$h sind 45 min, $\frac{1}{4}\ell$ Wein sind 250 ml, eine halbe Tonne Weizen sind 500 kg etc.

Auch **Prozentangaben sind Brüche**. „Pro cent" bedeutet „von Hundert", Prozentangaben haben daher immer den Nenner 100.

Beispiel 23: $1\,\% = \frac{1}{100}$; $25\,\% = \frac{25}{100} = \frac{1}{4}$; $75\,\% = \frac{75}{100} = \frac{3}{4}$

Mehr zur Prozentrechnung im Kapitel 8.

üben

Test 1: Brüche darstellen

1 Gib den zum gefärbten Anteil passenden Bruch an.

a)

b)

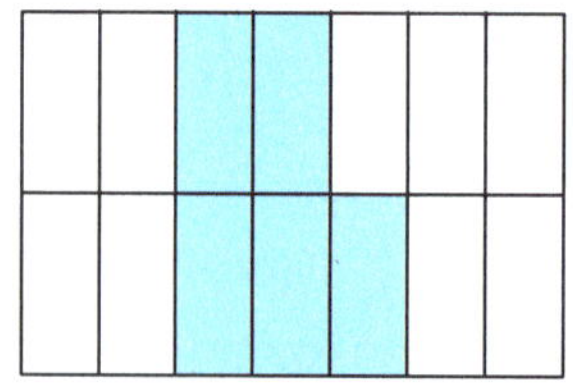

c)

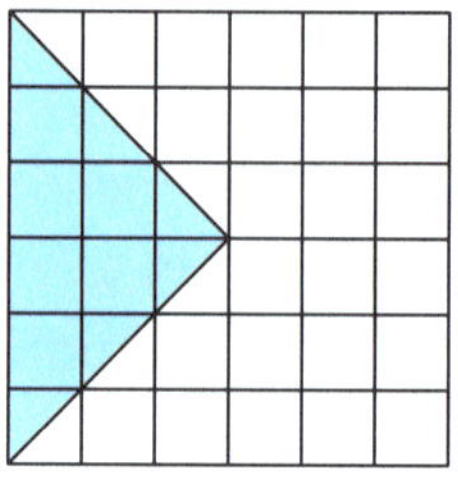

a) ____________ b) ____________ c) ____________

2 Wandle den unechten Bruch in eine gemischte Zahl um, bzw. umgekehrt.

a) $\frac{7}{3}$ = ________ b) $\frac{12}{5}$ = ________ c) $\frac{24}{23}$ = ________ d) $\frac{131}{43}$ = ________

e) $1\frac{4}{7}$ = ________ f) $7\frac{1}{3}$ = ________ g) $13\frac{2}{5}$ = ________ h) $24\frac{3}{8}$ = ________

3 Kürze oder erweitere wie angegeben.

a) kürze mit 4: $\frac{16}{24}$ = _____ $\frac{32}{68}$ = _____ $\frac{120}{132}$ = _____

b) kürze so weit wie möglich: $\frac{18}{24}$ = _____ $\frac{45}{60}$ = _____ $\frac{39}{91}$ = _____

c) erweitere mit 7: $\frac{3}{5}$ = _____ $\frac{11}{6}$ = _____ $\frac{19}{33}$ = _____

d) erweitere auf den Hauptnenner: $\frac{2}{15}$; $\frac{8}{21}$; $\frac{1}{18}$; $\frac{5}{6}$ ____________________

4 Brüche als Maßzahlen.

a) Wandle in eine ganze Maßzahl um:

$\frac{3}{4}$ℓ = ____________________ $\frac{3}{5}$t = ____________________

$2\frac{5}{6}$h = ____________________ $7\frac{5}{8}$kg = ____________________

b) Wandle in die angegebene Maßeinheit um. Kürze, wenn möglich.

250 g = ____________________ kg 330 ml = ____________________ ℓ

875 dm = ____________________ km 25 cm^2 = ____________________ m^2

5 Sortiere die Brüche $\frac{9}{7}$; $\frac{3}{5}$; $\frac{9}{10}$; $\frac{7}{4}$; $\frac{13}{14}$ der Größe nach. Beginne mit dem kleinsten. Verwende das < („kleiner“) Zeichen.

____

Test 2: Brüche addieren und subtrahieren

üben

1 Berechne, kürze und gib, wo möglich, als gemischte Zahl an.

a) $\frac{11}{14} + \frac{9}{14} =$ ______

b) $\frac{17}{18} - \frac{5}{18} =$ ______

c) $\frac{7}{8} + \frac{7}{12} =$ ______

d) $\frac{14}{15} - \frac{9}{10} =$ ______

2 Berechne so, dass möglichst keine großen Zahlen auftreten.

a) $1\frac{4}{5} + 3\frac{3}{5} =$ ______

b) $3\frac{5}{7} - 2\frac{3}{7} =$ ______

c) $4\frac{1}{6} - 2\frac{7}{9} =$ ______

d) $5\frac{5}{12} - 3\frac{7}{9} =$ ______

3 Gib das Ergebnis in der vorgegebenen Maßeinheit an.

a) $\frac{1}{2}$m + 10 cm = ______ m

b) $\frac{3}{4}$h – 25 min = ______ h

c) $4\frac{1}{4}$kg – 600 g = ______ kg

4 Verkleinere die Summe aus $2\frac{4}{9}$ und $6\frac{13}{15}$ um $3\frac{1}{5}$.

5 Ergänze die beiden Rechenbäume.
(Nimm ein Blatt für eventuelle Nebenrechnungen.)

a)

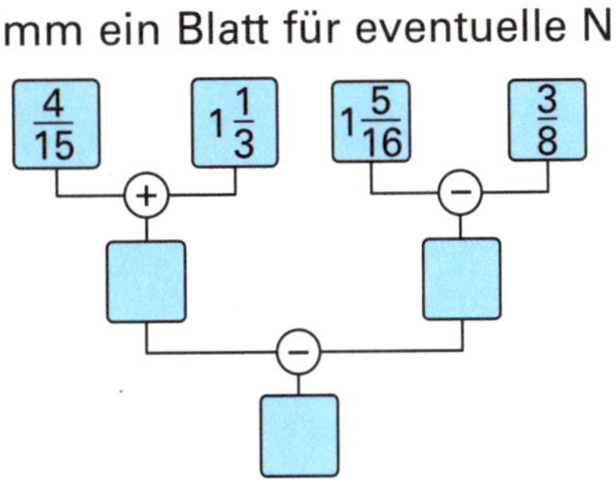

b)

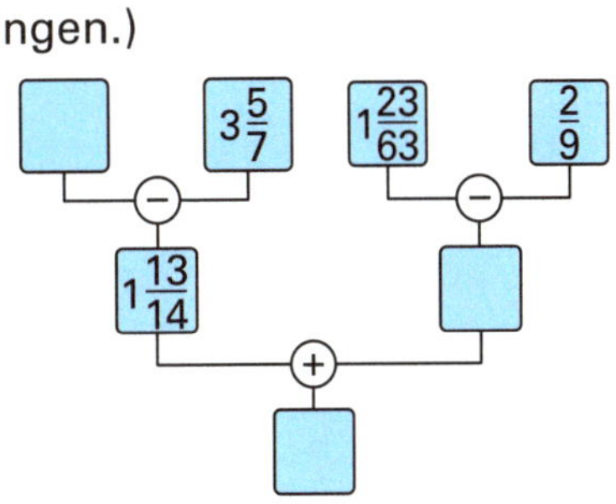

üben

Test 3: Brüche multiplizieren und dividieren

1 Bestimme alle Produkte.

		2. Faktor			
1. Faktor		$\frac{3}{10}$	$\frac{8}{21}$	12	$2\frac{2}{35}$
	$\frac{5}{6}$				
	$1\frac{5}{9}$				

2 Die nebenstehende Zeichnung stellt eine Divisionsaufgabe dar. Notiere die beiden Möglichkeiten, diese Divisionsaufgabe zu berechnen, berechne dann beide Aufgaben. Was stellst du fest?

3 Ein großes Aquarium ist $1\frac{3}{5}$ m lang, $\frac{3}{4}$ m tief und $\frac{2}{3}$ m hoch. Wie lange dauert es, das Aquarium komplett mit Wasser zu füllen, wenn die Zuleitung $18\frac{3}{4}$ ℓ Wasser pro Minute liefert? (Hinweis: 1 ℓ ≙ 1 dm^3)

4 Kontrolliere Leons Hausaufgaben. Korrigiere, wenn nötig, das Ergebnis.

a) $\frac{4}{7} \cdot \frac{3}{5} = \frac{12}{35}$

b) $\frac{2}{3} \cdot 12 = \frac{24}{36}$

c) $15 : \frac{30}{4} = 3$

d) $3\frac{6}{7} \cdot \frac{14}{54} = 1$

e) $4\frac{3}{5} : \frac{6}{10} = 7\frac{2}{3}$

f) $2\frac{7}{8} : 5\frac{1}{4} = \frac{23}{41}$

Test 4: Aufgaben für Experten

üben

1 $\frac{5}{8}$ eines landwirtschaftlichen Betriebes sind Ackerland. Das entspricht einer Fläche von $31\frac{1}{4}$ ha. Wie viel Hektar gehören insgesamt zu dem Hof?

2 Teile $6\frac{1}{9}$ durch die Differenz aus dieser Zahl und $2\frac{3}{4}$, multipliziere dann den Quotienten mit der Summe aus $\frac{9}{40}$ und $\frac{3}{16}$.

3 An den Ecken einer rechteckigen Pappe schneidest du vier gleich große Quadrate aus. Jetzt kannst du die überstehenden Teile entlang der Falzkanten hochklappen. Du erhältst eine oben offene Schachtel.
Welcher Bruchteil der Kartonfläche wurde als Abfall herausgeschnitten?
Leite den entsprechenden Bruchterm her, berechne ihn und erkläre dein Ergebnis.

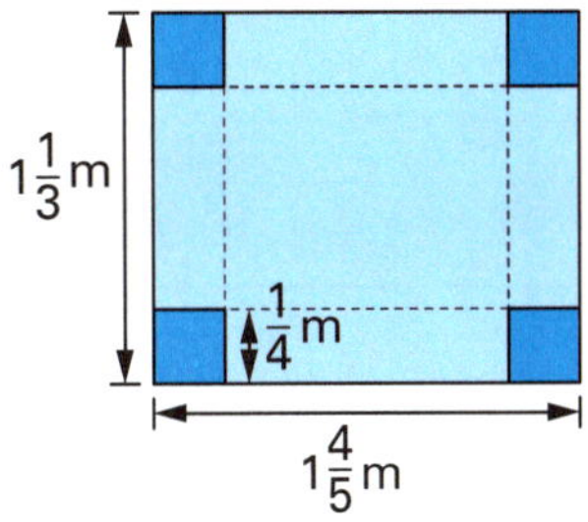

Test 4: Aufgaben für Experten

4

a) Der skizzierte Sandkasten soll neu befüllt werden. Wieviel Kubikmeter Sand werden dafür benötigt?

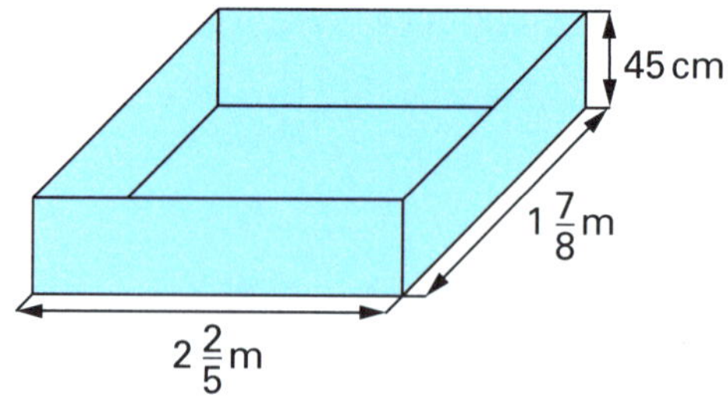

b) Ein Lkw schüttet $3\frac{1}{2}$ t Sand ab.
Der Sand wiegt $1\frac{7}{10}$ kg je dm^3.
Genügt diese Menge?

c) Der Sand wird mit einer Schubkarre, deren Fassungsvermögen 150 ℓ beträgt, zum Sandkasten transportiert.
Wie viele Fahrten sind nötig?
Stimmt es, dass nach der letzten Fahrt weniger als $\frac{1}{20}$ m^3 Sand übrig bleiben?

Klassenarbeit Nr. 1   60 min

können

Löse bitte alle Aufgaben **ohne Taschenrechner!**

1 Welcher Anteil ist gefärbt?

a)

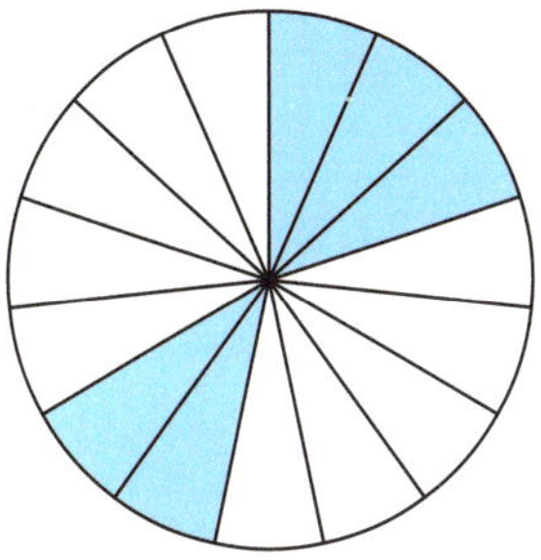

b)

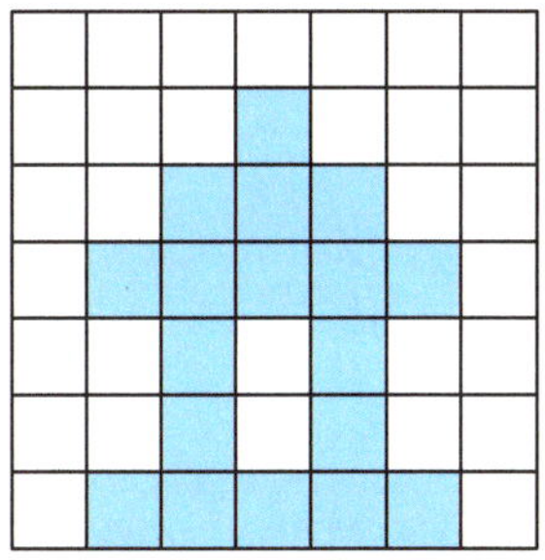

c)

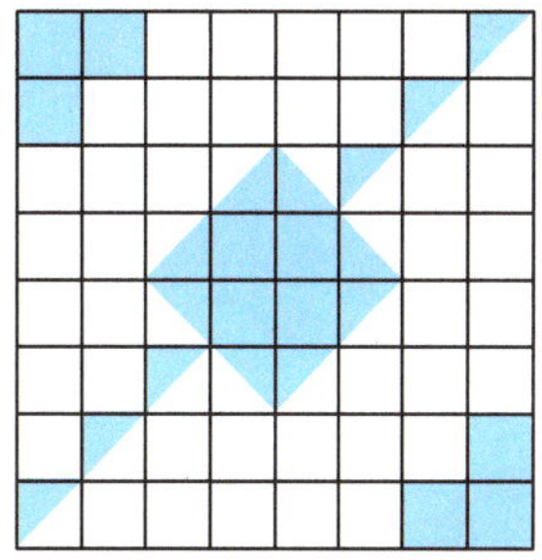

___________ ___________ ___________

/3

2 Ein Quadrat wurde in verschiedene Teile aufgeteilt. Trage folgende Brüche in die richtige Teilfläche ein. $\frac{1}{4}; \frac{1}{8}; \frac{1}{16}; \frac{1}{32}; \frac{1}{48}; \frac{1}{64}$

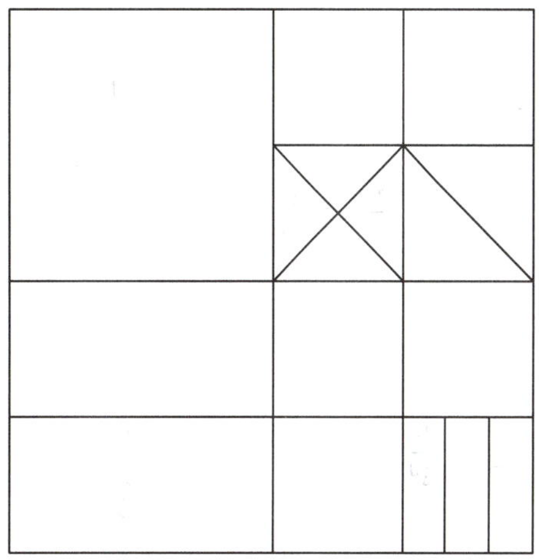

/3

3 Berechne a) $\frac{5}{12}$ von 300 g; b) $\frac{4}{7}$ von 245 €; c) $1\frac{3}{8}$ von 640 km.

/3

4 Wandle in eine gemischte Zahl bzw. in einen unechten Bruch um.

a) $\frac{11}{3}$ = ___________ b) $\frac{25}{6}$ = ___________ c) $\frac{49}{13}$ = ___________

d) $4\frac{2}{7}$ = ___________ e) $9\frac{7}{12}$ = ___________ f) $13\frac{3}{11}$ = ___________

/3

können

/3

5 Erweitere und kürze wie angegeben.

a) Erweitere alle Brüche mit 7.

$\frac{2}{3}$ = ______ $\frac{4}{9}$ = ______ $\frac{15}{23}$ = ______

b) Kürze so weit wie möglich.

$\frac{28}{84}$ = ______ $\frac{21}{91}$ = ______ $\frac{51}{68}$ = ______

/2

6 Herr Fröhlich hat bei einer Lotterie gewonnen. Einen Teil seines Gewinns überlässt er seinen drei Enkeln. Ida bekommt $\frac{3}{16}$, David $\frac{1}{6}$ und Hanna $\frac{2}{9}$ des Gewinns. Wer bekommt am meisten, wer am wenigsten?

/4

7 Berechne. Kürze das Ergebnis, wenn möglich, oder schreibe es in eine gemischte Zahl um.

a) $\frac{2}{5} + \frac{3}{7} =$ ______

b) $\frac{2}{8} + \frac{1}{6} - \left(\frac{1}{12} + \frac{1}{3}\right) =$ ______

c) $2\frac{3}{4} + 3\frac{2}{5} =$ ______

d) $7\frac{2}{9} - \left(3\frac{5}{27} - 2\frac{3}{81}\right) =$ ______

______

/4

8 Berechne. Denke daran, zu kürzen.

a) $\frac{2}{9} \cdot \frac{27}{36} =$ ______

b) $\frac{4}{7} \cdot 3 \cdot \frac{1}{8} =$ ______

c) $\frac{25}{78} : \frac{75}{13} =$ ______

d) $1\frac{13}{14} : 4\frac{2}{7} =$ ______

können

9 a) Aus einem Eichenholzquader werden zwei Würfel, die eine Kantenlänge von einem Viertelmeter haben, herausgeschnitten (s. Skizze).
Berechne den Rauminhalt des Quaders bevor die beiden Würfel herausgeschnitten wurden.

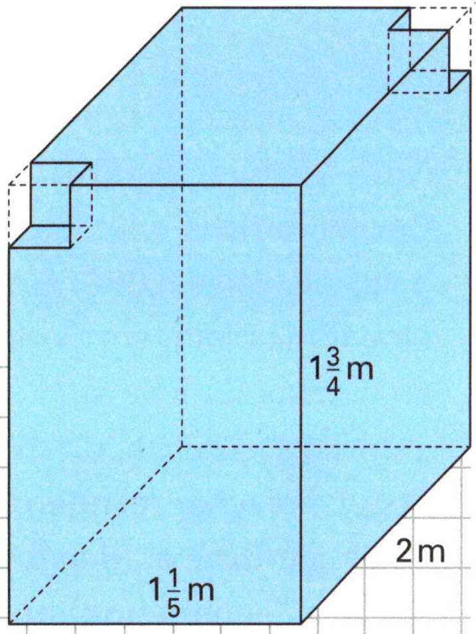

b) Lars weiß, dass Eichenholz $\frac{4}{5}\frac{g}{cm^3}$ wiegt. Er berechnet die Masse des ursprünglichen Quaders und die der beiden Würfel. Anschließend behauptet er: „Durch das Herausschneiden der beiden Würfel ist der Quader nicht einmal 1 % leichter geworden!“.
Mache die gleiche Rechnung wie Lars und überprüfe seine Aussage.

/5

erreichte Punktzahl
/ 30

verstehen

2 Rechnen mit Dezimalbrüchen

Dezimalbrüche und Stellenwerttafel

Noch häufiger als Brüche begegnen uns im täglichen Leben die sogenannten **Dezimalbrüche** oder Dezimalzahlen („Kommazahlen"). So kostet ein Liter Milch beispielsweise 0,89 €, eine Tür ist 2,11 m hoch und eine Bank bietet ein Darlehen für 3,1 % Zinsen an. Dezimalbrüche sind „alltagstauglicher" als „normale" Brüche, da man mit ihnen in der Regel einfacher rechnen kann.
Dezimalbrüche sind eigentlich Brüche, die als Nenner Zehnerpotenzen (10, 100, 1000, …) haben, aber eben in der **Dezimalschreibweise** („Kommaschreibweise") dargestellt sind. Dazu erweitert man die Stellenwerttafel der natürlichen Zahlen nach rechts um die **Dezimalstellen** Zehntel (z), Hundertstel (h), Tausendstel (t) etc.

…	H	Z	E	,	z	h	t	…
		2	3	,	4	8	1	

$$2 \cdot 10 + 3 \cdot 1 + 4 \cdot \frac{1}{10} + 8 \cdot \frac{1}{100} + 1 \cdot \frac{1}{1000}$$

Stehen rechts von einer Dezimalenstelle nur noch Nullen, dürfen diese auch weggelassen werden.
Beispiel: 2,350 00 = 2,35.

Dezimalbrüche in Brüche umwandeln

Mithilfe der Stellenwerttafel lässt sich jeder (endliche) Dezimalbruch leicht in einen Bruch umwandeln. Die letzte Dezimalstelle bestimmt den Nenner des Bruches. Im Beispiel oben (23,481) sind es Tausendstel. Die Zahlen vor dem Komma sind ganze Zahlen. Umgewandelt in einen Bruch (bzw. gemischte Zahl) heißt die Zahl demnach $23\frac{481}{1000}$. Wenn möglich, muss man den Bruch dann noch kürzen.

Beispiel 1: a) $0{,}25 = \frac{25}{100} = \frac{1}{4}$ b) $1{,}875 = 1\frac{875}{1000} = 1\frac{7}{8}$ c) $0{,}64 = \frac{64}{100} = \frac{16}{25}$

Brüche in Dezimalbrüche umwandeln

Um einen Bruch in einen Dezimalbruch umzuwandeln, muss man den Bruchstrich durch ein „:" ersetzen und die Division ausrechnen. Dabei können **endliche** oder **unendlich-periodische Dezimalbrüche** entstehen. Entsteht ein periodischer Dezimalbruch bricht man die Division ab und schreibt über die sich periodisch wiederholende(n) Zahl(en) einen Strich.

Beispiel 2: $\frac{12}{25}$

```
 12 : 25 = 0,48
 120
-100
   200
  -200
     0
```

endlicher Dezimalbruch

Beispiel 3: $\frac{2}{3}$

```
 2 : 3 = 0,666…
 20    = 0,6̅
-18
   20
  -18
    2…
```

unendlich-periodischer Dezimalbruch

Beispiel 4: $\frac{3}{11}$

```
 3 : 11 = 0,27…
 30     = 0,2̅7̅
-22
  80
 -77
  30…
```

Periode mit zwei sich wiederholenden Zahlen.

Brüche mit Zehnerpotenzen im Nenner lassen sich leicht in Dezimalbrüche umschreiben, da bei einer Division durch 10 (100, 1000, ...) die Dezimalzahl 1 (2, 3, ...) Dezimalstellen haben muss.

Beispiel 5: a) $\frac{3}{10} = 3:10 = 0{,}3$ b) $\frac{27}{100} = 0{,}27$ c) $\frac{45}{1000} = 0{,}045$

Es kann daher von Vorteil sein, einen Bruch auf den Nenner 10, 100, 1000, ... zu erweitern.

Beispiel 6: a) $\frac{3}{5} = \frac{6}{10} = 0{,}6$ b) $\frac{12}{25} = \frac{48}{100} = 0{,}48$

c) $\frac{5}{8} = \frac{625}{1000} = 0{,}625$

Größenvergleich von Dezimalbrüchen

Dezimalbrüche vergleicht man, in dem man von links nach rechts die Ziffern miteinander vergleicht. Derjenige Dezimalbruch, der an der gleichen Stelle zuerst eine größere Ziffer hat, ist der größere.

Beispiel 7: 24,201 37 > 24,201 28, da sich die beiden Zahlen erst in der 4. Dezimalstelle unterscheiden und 3 größer ist als 2.

Dezimalbrüche runden

Dezimalbrüche sind oftmals Maßzahlen bestimmter Maßeinheiten. Dabei genügt es meist, die Maßzahl auf 1 bis 3 Dezimalstellen genau zu kennen. Es ist daher sinnvoll, Dezimalbrüche mit vielen Dezimalstellen zu **runden**, d.h. einen Näherungswert zu bilden. Zunächst muss man festlegen, auf welche Dezimalstelle gerundet werden soll. Anschließend betrachtet man diejenige Ziffer, die auf die zu rundende Dezimalstelle folgt.

Ist dies die Ziffer 0, 1, 2, 3, 4, so wird **abgerundet**, man lässt die Ziffern hinter der entsprechenden Stelle weg.

Ist die Ziffer 5, 6, 7, 8, 9, so wird **aufgerundet**, die Zahl an der entsprechenden Stelle wird um 1 erhöht. Muss dabei die Ziffer 9 aufgerundet werden, wird daraus eine 0 und die Ziffer links davon wird um 1 erhöht.

Beispiel 8: Der Dezimalbruch 19,845 soll gerundet werden auf die

– Zehnerstelle (Z):	**1**9,845 ≈ **20**	9: aufrunden	→	**1** auf **2** erhöhen
– Einerstelle (E):	**19**,845 ≈ **20**	8: aufrunden	→	**9** auf **10** erhöhen
– Zehntelstelle (z):	19,**8**45 ≈ 19,**8**	4: abrunden	→	**8** bleibt
– Hundertstelstelle (h):	19,8**4**5 ≈ 19,8**5**	5: aufrunden	→	**4** auf **5** erhöhen

Beispiel 9: Kontrolliere eine Rechnung, z.B. 1,08 + 25,625 – 2,407 = 24,298, durch eine **Überschlagsrechnung** mit gerundeten Zahlen:

1,1 + 25,6 – 2,4 = 24,3 und 24,298 ≈ 24,3

Addition und Subtraktion von Dezimalbrüchen

Zum Addieren und Subtrahieren von Dezimalbrüchen schreibt man diese so untereinander, dass Komma unter Komma steht. Unbesetzte Dezimalstellen füllt man mit Nullen auf und addiert bzw. subtrahiert dann von rechts nach links. Im Ergebnis setzt man das Komma so, dass es unter den anderen Kommas steht. Sollen von einer Zahl mehrere Dezimalbrüche subtrahiert werden, kann man zunächst alle, die subtrahiert werden sollen, addieren und das Ergebnis von der Zahl abziehen.

Beispiel 10:

a) 0,406 + 43 + 8,75 + 0,099 b) 2,087 – 1,40946 c) 12,54 – 3,21 – 6,55

a)		0,	4	0	6
	4	3,	0	0	0
		8,	7	5	0
	+	0,	0	9	9
	1	1	1	1	
	5	2,	2	5	5

b)	2,	0	8	7	0	0
–	1,	4	0	8	4	6
	1		1	1	1	
	0,	6	7	8	5	4

c) NR			3,	2	1
		+	6,	5	5
			9,	7	6
	1	2,	5	4	
	–	9,	7	6	
		1	1		
		2,	7	8	

Um Dezimalzahlen im Kopf zu addieren oder zu subtrahieren, kann man alle Kommas so weit nach rechts verschieben, bis alle Summanden ganzzahlig sind. Nach der Rechnung muss diese Verschiebung wieder rückgängig gemacht werden.

Beispiel 11:

Aufgabe	0,8 + 0,6 = 1,4	1,4 + 0,28 = 1,68	0,32 – 0,5 = –0,18
	↓ ↓ ↑	↓ ↓ ↑	↓ ↓ ↑
Kopfrechnung	8 + 6 = 14	140 + 28 = 168	32 – 50 = 18

Multiplikation und Division von Dezimalbrüchen

Man multipliziert Dezimalbrüche miteinander, indem man zunächst ohne die Kommas zu berücksichtigen rechnet. Anschließend addiert man die Anzahl der Dezimalstellen der Faktoren und trägt im Ergebnis diese Stellen von rechts nach links ab.

Beispiel 12:

			2				1
		2,	6	7	·	4,	3
	1	0	6	8	←		
+			8	0	1	←	
	1	1,	4	8	1		
				3			

Man dividiert Dezimalbrüche, indem man zunächst das Komma in Dividend (Zahl die geteilt wird) und Divisor (Zahl durch die geteilt wird) so weit nach rechts verschiebt, bis der Divisor ganzzahlig ist und führt anschließend die Division aus. Im Ergebnis wird das Komma gesetzt, sobald man im Dividenden das Komma überschreitet (die erste Dezimalstelle in die Rechnung einbezogen wird).

Beispiel 13:

$19{,}88 : 1{,}4$
↓
$198{,}8 : 14 = 14{,}2$
-14
58
-56
28
-28
0

Bei der Multiplikation mit oder der Division durch 10 (100, 1000, ...) wird das Komma einfach um die Anzahl der Nullen (1, 2, 3, ...) nach rechts (Multiplikation) bzw. links (Division) verschoben. Fehlende Stellen werden durch Nullen ergänzt.

Beispiel 14: a) $2{,}356 \cdot 10 = 23{,}56$;
b) $4{,}3 \cdot 1000 = 4300$; $0{,}057 \cdot 100 = 5{,}7$

Beispiel 15: a) $23{,}8 : 10 = 2{,}38$;
b) $1{,}8 : 100 = 0{,}018$; $4275 : 1000 = 4{,}275$

Zum Multiplizieren oder Dividieren im Kopf macht man alle Zahlen durch Kommaverschiebung ganzzahlig. Nach der anschließenden Rechnung setzt man das Komma im Ergebnis folgendermaßen: Bei der Multiplikation addiert man die Stellen der Faktoren und trägt die Anzahl von rechts ab. Bei der Division subtrahiert man die Anzahl der Stellen des Divisors von der Anzahl der Stellen des Dividenden und trägt die Differenz im Ergebnis von rechts ab.

Beispiel 16:

	$1 + 2 = 3$	$2 - 1 = 1$
Aufgabe	$0{,}8 \cdot 0{,}15 = 0{,}120 = 0{,}12$	$0{,}24 : 1{,}2 = 0{,}2$
Kopfrechnung	$8 \cdot 15 = 120$	$24 : 12 = 2$

Die Umrechnung dezimaler Maßzahlen

Dezimale Maßangaben lassen sich durch Verschiebung des Kommas in die nächstgrößere (nach links) oder nächstkleinere (nach rechts) Maßeinheit umwandeln. Bei Längenmaßen sind es 10er-Schritte (eine Dezimalstelle), bei Flächenmaßen 100er-Schritte und bei Hohlmaßen (Raummaßen) 1000er-Schritte.

Beispiel 17: a) $3{,}25\,\text{cm} = 32{,}5\,\text{mm}$
b) $24{,}3\,\text{dm} = 2{,}43\,\text{m}$
c) $56{,}45\,\text{cm}^2 = 0{,}5645\,\text{dm}^2$
d) $0{,}027\,\text{m}^3 = 27\,\text{dm}^3 = 27\,000\,\text{cm}^3$

Vorsicht! Beim Umrechnen von Uhrzeiten (nicht-dezimal) funktioniert das Komma-Verschieben nicht!
Hier rechnet man z. B.:
$2{,}25\,\text{h} = 2{,}25 \cdot 60\,\text{min}$
$= 135\,\text{min} = 2\,\text{h}\ 15\,\text{min}$

üben

Test 1: Umrechnen, vergleichen und runden

1 Setze das richtige Zeichen (<, =, >) ein.

a) 2,445 ☐ 2,454 b) 0,210 0036 ☐ 0,210 0360

c) 0,8900 ☐ $\frac{89}{1000}$ d) 0,375 ☐ $\frac{3}{8}$

2 a) Rechne um in Brüche. Kürze, wenn möglich.

0,48 = ______ 1,346 = ______

3,0025 = ______ 0,626 000 = ______

b) Rechne um in Dezimalbrüche.

$\frac{4}{5}$ = ______ $\frac{3}{8}$ = ______

$4\frac{12}{50}$ = ______ $11\frac{7}{20}$ = ______

3 Rechne in Dezimalbrüche um. Mache die Nebenrechnungen im Heft.

a) $\frac{1}{6}$ = ______ b) $\frac{4}{9}$ = ______ c) $\frac{2}{7}$ = ______

4 Lies die mit dem blauen Pfeil markierten Zahlen auf dem Zahlenstrahl ab.

a)

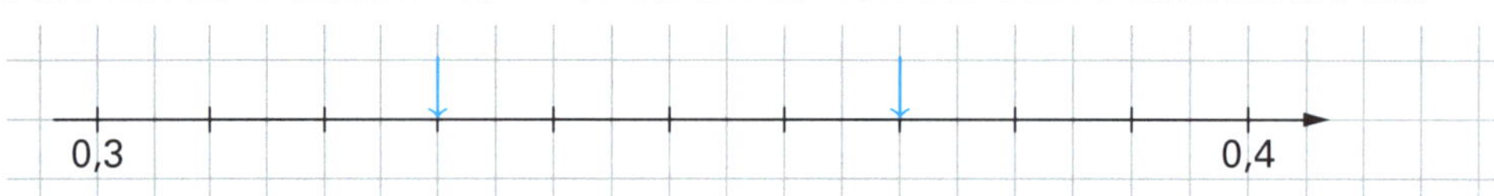

b)

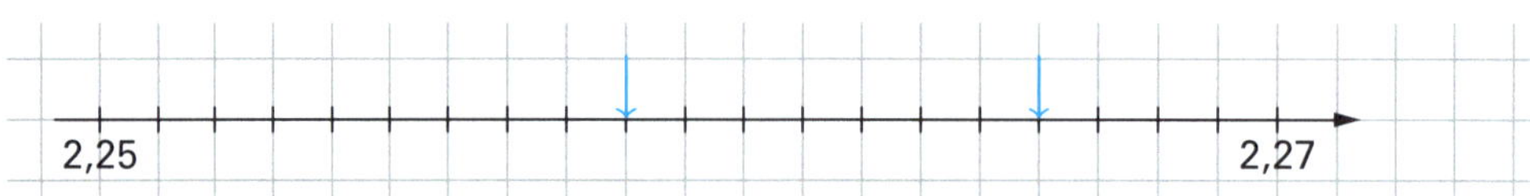

c)

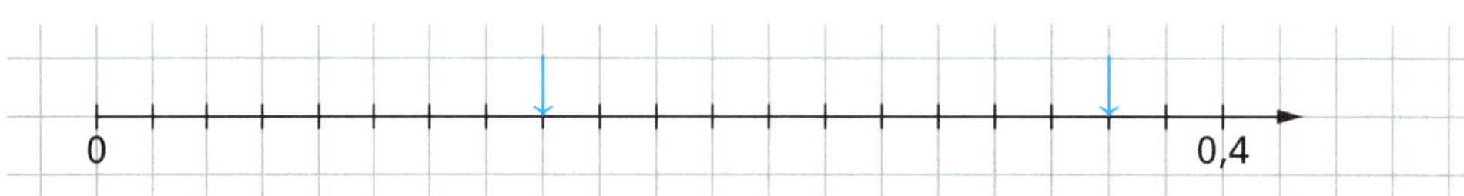

5 Runde die Zahl 2,987 48

a) auf Tausendstel ______ b) Hundertstel ______

c) Zehntel ______ d) Zehntausendstel ______

6 Zwischen welchen benachbarten Zahlen mit

a) einer Dezimalstelle ______ b) keiner Dezimalstelle ______

c) drei Dezimalstellen ______ d) fünf Dezimalstellen ______

liegt die Zahl 4,233?

Test 2: Addieren und subtrahieren

üben

1 Berechne im Kopf.

a) 2,4 + 1,3 = ____________ b) 5,6 + 2,8 = ____________

c) 3,05 + 7,12 = ____________ d) 0,203 + 1,440 = ____________

e) 6,6 – 2,3 = ____________ f) 1,68 – 0,55 = ____________

g) 5,26 – 3,99 = ____________ h) 25,12 – 23,105 = ____________

2 Berechne.

a) 7,46 + 23,551 + 0,402 b) 125,244 – 83,178 c) 48,201 – 2,88 – 12,067

3 Frau Meier war einkaufen. Gib das Gesamtgewicht des Einkaufs in Kilogramm (Gramm) an.

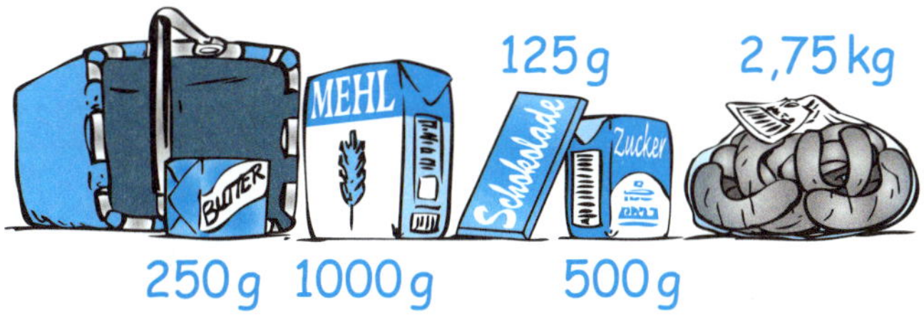

4 Du siehst den Kontoauszug der Familie Yilmaz vom Monat Mai.

Datum	Vorgang	Belastungen	Gutschrift
01.05.	Lastschrift „Miete“	1350	
03.05.	Überweisung „Schroedel Verlag“	46,30	
07.05.	EC-Karte „Supermarkt“	132,70	
11.05.	Überweisung „Lohn“		1850
15.05.	Überweisung „Kindergeld“		558
25.05	EC-Karte Tankstelle	83,79	
Kontostand am 31.05.		2285,21 Haben	

a) Wie viel wurde im Mai von Familie Yilmaz’ Konto abgebucht?

b) Wie hoch war der Kontostand zu Beginn des Monats?

üben

Test 3: Multiplizieren und dividieren

1 Ergänze in folgender Multiplikationstabelle alle fehlenden Zahlen. Schaffst du das im Kopf?

·	6	0,5		
0,8				
	8,4			1,68
0,02			2,6	

2 Multipliziere schriftlich und runde dein Ergebnis auf die zweite geltende Dezimalstelle. („Geltend“ ist eine von Null verschiedene Ziffer.)

a) $0{,}82 \cdot 2{,}75$ b) $13{,}908 \cdot 0{,}47$ c) $0{,}095 \cdot 0{,}00562$

3 Dividiere schriftlich und runde auf Hundertstel.

a) $5{,}448 : 12$ b) $2{,}7696 : 1{,}2$ c) $0{,}707 : 0{,}11$

4 Bestimme den Flächeninhalt der Figuren.

a)

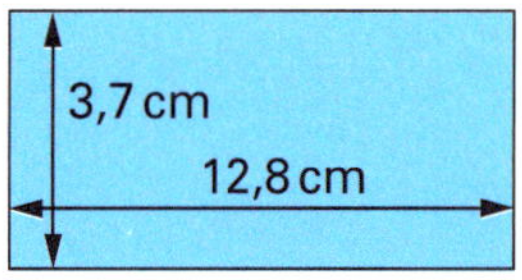

b)

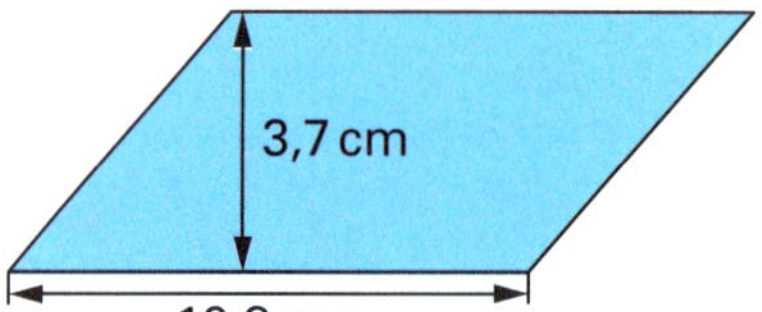

Test 4: Aufgaben für Experten

üben

1 Multipliziere die Summe aus 2,48 und 6,152 mit der Differenz aus 7,93 und 6,45.

2 a) Wandle $\frac{1}{9}$, $\frac{4}{9}$, $\frac{7}{9}$ sowie $\frac{1}{99}$, $\frac{5}{99}$ und $\frac{43}{99}$ in Dezimalbrüche um.

b) Was fällt dir auf? Formuliere daraus eine allgemeine Regel für Brüche mit dem Nenner 9 bzw. 99.

c) Wandle mithilfe deiner Regel folgende periodische Dezimalbrüche in Brüche um: $0,\overline{5}$; $0,\overline{13}$; $0,\overline{35}$; $0,\overline{8}$; $0,\overline{98}$

3 Hr. Meyer fährt im Jahr 28 000 km mit seinem Pkw.
Sein Auto verbraucht durchschnittlich 6,9 ℓ auf 100 km.
Zu Beginn des Jahres kostet der Liter Super 1,49 €.

a) Wie viel müsste Hr. Meyer in diesem Jahr für Benzin bezahlen, wenn der Preis für einen Liter immer gleich bleiben würde?

b) Tatsächlich gibt es im Laufe des Jahres eine Benzinpreiserhöhung. Nach 14 200 gefahrenen Kilometern erhöht sich der Preis auf 1,55 € pro Liter. Wie viel muss Hr. Meyer mehr bezahlen als kalkuliert?

4 a) Ein Bruch $\frac{a}{b}$ wird durch die Division a : b in einen Dezimalbruch verwandelt, es entsteht ein periodischer Dezimalbruch. Begründe, warum dieser Dezimalbruch spätestens nach b – 1 Divisionsschritten periodisch werden muss.

b) Kannst du die Dezimalzahl 0,101 001 000 100 001… als Bruch darstellen?

Klassenarbeit Nr. 2

45 min

können

1 Setze das richtige Zeichen (<, >, =) ein. /2

a) 4,5269 ☐ 4,5271 b) 0,59 ☐ $\frac{27}{50}$ c) $\frac{2}{3}$ ☐ $0,\overline{6}$; d) 5,7676 ☐ $5\frac{76}{99}$

2 Wandle um in /6

a) Brüche und kürze so weit wie möglich.

0,12 = ________ ; 1,725 = ________ ; $0,\overline{67}$ = ________

b) Dezimalbrüche.

$\frac{13}{25}$ = ________ ; $\frac{81}{300}$ = ________ ; $\frac{13}{8}$ = ________

3 Berechne im Kopf, welche Zahl du für x einsetzen musst. /3

a) 2,47 – x = 1,19 ________

b) x – 1,85 = 7,99 ________

c) 0,4 · 0,13 = x ________

4 Ein Elektronikfachgeschäft macht Werbung für Fernseher. Die Bildschirmdiagonale ist sowohl in cm als auch Zoll angegeben. 1" (1 Zoll, englisch *inch*) misst 2,54 cm.

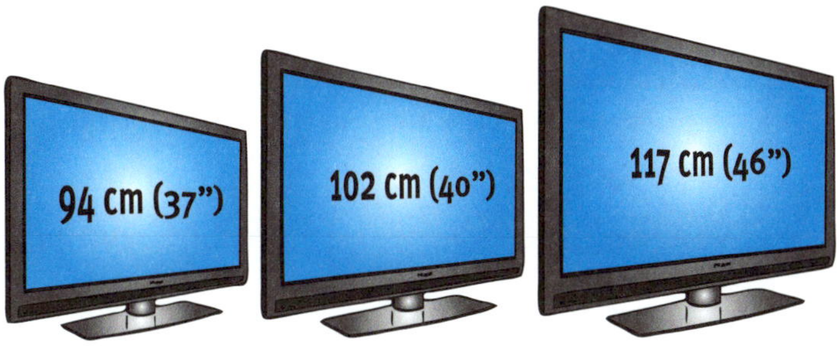

a) Berechne die exakten Bildschirmdiagonalen der abgebildeten Fernseher.

b) Stimmen die Angaben des Elektronikmarktes, wenn man auf ganze Zahlen rundet? /3

____

____

5 Pascal glaubt, dass seine Familie zuhause ganz besonderes Geschirr hat. Er hat nämlich bei drei verschieden großen Tellern den Umfang gemessen und durch den Durchmesser geteilt. Dabei ist ihm etwas aufgefallen. Was? Rechne nach.

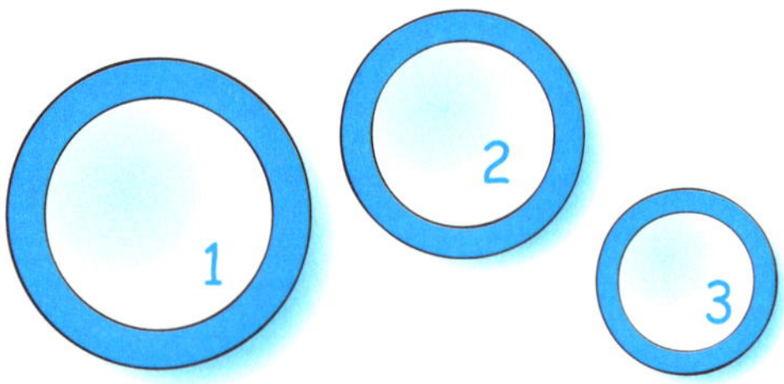

1: Umfang: 78,5 cm, Durchmesser: 25 cm
2: Umfang: 62,8 cm, Durchmesser: 20 cm
3: Umfang: 47,1 cm, Durchmesser: 15 cm

/3

6 Frau Peters möchte in eine größere Wohnung ziehen.
In der Zeitung findet sie folgende Angebote:

Wohnung 1:

Zentrumsnah, 3,5 Zimmer,
62 m² Wohnfläche, Balkon, Keller,
440,-€ KM, 80€ NK

Wohnung 2:

Gemütliche 3-Zimmer-Wohnung,
84 m² Wohnfläche, 2 x Balkon,
690€ WM

KM = Kaltmiete, NK = Nebenkosten, WM = Warmmiete

a) Was musst du ausrechnen, wenn du die Mietpreise miteinander vergleichen willst? ____________________

b) Welche Wohnung ist die günstigere?

/5

können

7 Hr. Fischer möchte mit den 34 Schülerinnen und Schülern der 6c einen Ausflug in einen Freizeitpark machen. Er nimmt die Sportlehrerin als Begleitung mit. Der Eintritt in den Park kostet 5,70 € pro Schüler und 7,50 € pro erwachsene Begleitperson. Für die Fahrt zum Park stehen ihm zwei Möglichkeiten zur Verfügung: entweder mit dem Zug (Gruppentageskarte für 5 Personen zu 39 €) oder einem Bus (Preis für Hin- und Rückfahrt 300 €). Herr Fischer legt die Kosten der Erwachsenen auf die Schüler um.

a) Berechne die Gesamtkosten der Fahrt (billigere Variante!) und den Preis für jeden einzelnen Schüler.

b) Kurzfristig wird ein Schüler krank.
Ist es für Herrn Fischer sinnvoll, die Reisevariante zu ändern?

/8

erreichte Punktzahl

/ 30

verstehen

3 Rationale Zahlen

Negative Zahlen, Gegenzahl und Betrag

Man kann den Zahlenstrahl nach links über die Null hinaus verlängern, dann erhält man die sogenannten **negativen Zahlen**. Man kennzeichnet sie, indem man ein „–" (Minus) davorsetzt. Man nennt das „–" in diesem Fall ein **Vorzeichen**. Positive Zahlen haben eigentlich das Vorzeichen „+", das wird in der Regel aber weggelassen.
Betrachtet man den nach links erweiterten Zahlenstrahl, sieht man, dass die positiven und die negativen Zahlen genau an der Null gespiegelt sind.

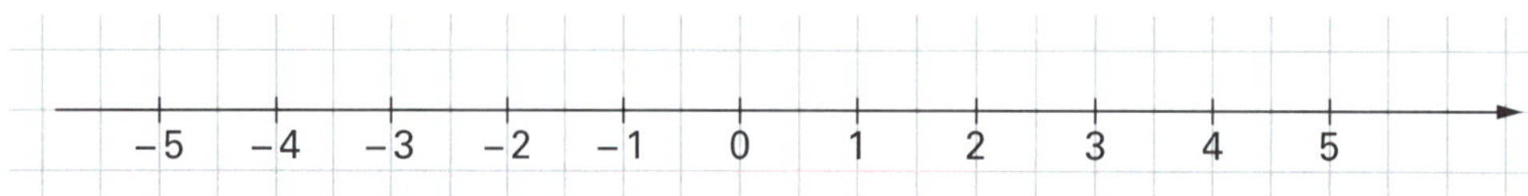

Das „Spiegelbild" einer Zahl auf der anderen Seite der Null nennt man **Gegenzahl**. –4 und 4 haben also genau die gleiche Entfernung zur Null, nämlich 4 „Schritte". Diese Entfernung einer Zahl zur Null nennt man ihren **Betrag**. Er wird durch die sogenannten **Betragsstriche** gekennzeichnet und ist immer positiv.
Beispiel 1: $|4| = 4$ und $|-4| = 4$ (lies: der Betrag von 4 ist 4 und der Betrag von minus 4 ist 4).
Eine Zahl a ist größer als eine andere Zahl b ($a > b$), wenn a weiter rechts auf dem Zahlenstrahl steht als b.
Beispiel 2: –120 ist also kleiner als 1 ($-120 < 1$), da 1 weiter rechts steht als –120.

Natürliche, ganze und rationale Zahlen

Alle Zahlen die du bisher kennengelernt hast, werden zu unterschiedlichen **Zahlenmengen** zusammengefasst.
So enthält die Menge der **natürlichen Zahlen** $\mathbb{N}$ die 0 und alle positiven ganzen Zahlen ($\mathbb{N} = \{0, 1, 2, 3 \ldots\}$).
Die **ganzen Zahlen** $\mathbb{Z}$ enthalten zusätzlich zu den natürlichen Zahlen auch alle negativen ganzen Zahlen ($\mathbb{Z} = \{\ldots -3, -2, -1, 0, 1, 2, 3 \ldots\}$).
Ergänzt man die Menge der ganzen Zahlen noch um alle positiven und negativen Bruchzahlen und Dezimalbrüche, so erhält man die **rationalen Zahlen** $\mathbb{Q}$.
Man kann sich also vorstellen, dass die natürlichen Zahlen in den ganzen und diese wiederum in den rationalen Zahlen liegen.

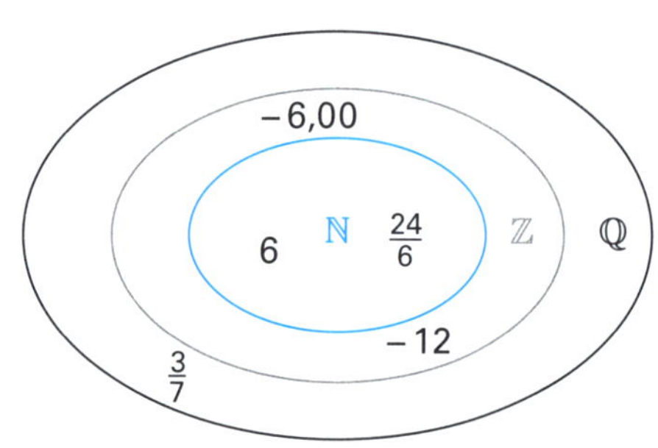

Beispiel 3: 6 liegt also in den natürlichen, den ganzen und den rationalen Zahlen, wohingegen –12 nur in der ganzen und rationalen Zahlen liegt und $\frac{3}{7}$ sogar nur in den rationalen.
Beispiel 4: $\frac{24}{6} = 4$ (natürliche Zahl); $-6{,}00 = -6$ (ganze Zahl).

Addition und Subtraktion rationaler Zahlen

Da du beim Rechnen mit rationalen Zahlen nicht nur positive, sondern auch negative Zahlen verrechnen willst, musst du besonders auf die Vorzeichen achten. Dabei gelten folgende Regeln für die Addition:

Haben beide Zahlen das **gleiche Vorzeichen**, so addiert man ihre Beträge und die Summe erhält das gemeinsame Vorzeichen.

Beispiel 5: (−3,5) + (−6,2) = −(3,5 + 6,2) = −9,7.

Wie du siehst, werden nie ein Vor- und ein Rechenzeichen direkt hintereinander geschrieben (+ −6,2), sondern es müssen dann immer Klammern gesetzt werden!

Du kannst dir für die Addition rationaler Zahlen auch Folgendes merken: Addierst du zu einer rationalen Zahl eine positive, dann gehst du auf dem Zahlenstrahl nach rechts. Addierst du eine negative rationale Zahl, gehst du nach links.

Haben beide Zahlen **unterschiedliche Vorzeichen**, so subtrahiert man den kleineren vom größeren Betrag und gibt dem Ergebnis das Vorzeichen der Zahl, die den größeren Betrag hat.

Beispiel 6: 3,5 + (−6,2) = −(6,2 − 3,5) = −2,7

Beispiel 7: (−2) + 4,6 = +(4,6 − 2) = +2,6

Für die Addition gilt das sogenannten **Kommutativgesetz**: 3 + 2 = 2 + 3 = 5; allgemein: a + b = b + a.

Eine rationale Zahl wird subtrahiert, indem man ihre Gegenzahl addiert.

Beispiel 8: a) 1,8 − 2,5 = 1,8 + (−2,5) = −(2,5 − 1,8) = −0,7

b) 7,1 − (−6,3) = 7,1 + 6,3 = 13,4

Hier kannst du dir merken: Subtrahierst du eine positive Zahl, wanderst du auf dem Zahlenstrahl nach links, subtrahierst du eine negative Zahl, nach rechts.

Multiplikation und Division rationaler Zahlen

Man multipliziert/dividiert rationale Zahlen nach folgenden Regeln:

Zunächst multipliziert/dividiert man die Beträge der Zahlen.

Haben beide Zahlen das **gleiche Vorzeichen**, ist das Ergebnis **positiv**.

Beispiel 9: a) $2{,}1 \cdot 5{,}3 = 11{,}13$ b) $(-8{,}1):(-0{,}9) = 9$

Haben die Zahlen **unterschiedliche Vorzeichen**, ist das Ergebnis **negativ**.

Beispiel 10: a) $\left(-\frac{2}{3}\right)\cdot\frac{3}{8} = -\left(\frac{2}{3}\cdot\frac{3}{8}\right) = -\frac{1}{4}$ b) $1{,}44:(-12) = -(1{,}44:12) = -0{,}12$

Für die Multiplikation gilt ebenfalls das Kommutativgesetz:

$2{,}4 \cdot 1{,}9 = 1{,}9 \cdot 2{,}4 = 4{,}56$; allgemein: $a \cdot b = b \cdot a$.

$- \cdot - = +$ $- : - = +$

$+ \cdot - = -$ $+ : - = -$

$+ \cdot + = +$ $+ : + = +$

$- \cdot + = -$ $- : + = -$

Verbindung der Rechenarten und Rechengesetze

Kommen mehrere Rechenarten in einer Aufgabe vor, gelten folgende Gesetze:

„Klammern zuerst", d. h. die Klammern werden vor allen anderen Rechenschritten berechnet oder aufgelöst.

Beispiel 11: $25 - (12{,}5 + 10)$ | zuerst wird die Klammer berechnet

$= 25 - (22{,}5)$

$= 25 + (-22{,}5) = 2{,}5$

„Punkt vor Strich", d. h. Multiplikation und Division werden vor Addition und Subtraktion ausgeführt.

Beispiel 12: $4{,}5 - 2{,}3 \cdot (-1{,}5)$ | Multiplikation zuerst ausführen

$= 4{,}5 - (-(2{,}3 \cdot 1{,}5))$ | dafür hilfsweise Klammern setzen

$= 4{,}5 - (-3{,}45)$

$= 4{,}5 + 3{,}45 = 7{,}95$

Distributivgesetze: $a \cdot (b + c) = a \cdot b + a \cdot c$ und $(b + c) : a = b : a + c : a$.
Sie gelten auch, wenn in der Klammer $b - c$ steht:
$a \cdot (b - c) = a \cdot b - a \cdot c$ und $(b - c) : a = b : a - c : a$

Beispiel 13: $3 \cdot (3{,}2 + 2{,}1)$

$= 3 \cdot 3{,}2 + 3 \cdot 2{,}1$

$= 9{,}6 + 6{,}3 = 15{,}9$

Beispiel 14: $(1{,}8 - 2{,}7) : 0{,}3$

$= 1{,}8 : 0{,}3 - 2{,}7 : 0{,}3$

$= 6 - 9 = 6 + (-9)$

$= -(9 - 6) = -3$

Damit du bei längeren Rechnungen nicht den Überblick verlierst, ist es sinnvoll, die einzelnen Rechenschritte untereinander zu schreiben und am „=" auszurichten.

Manchmal stehen mehrere Klammern ineinander. Dann rechnet man **von innen nach außen**, alle anderen „Vorfahrtsregeln" bleiben erhalten.

Beispiel 15: $3 \cdot (6 - (\mathbf{4{,}5 - 3{,}8}) \cdot 3) - 1$ | innere Klammer zuerst berechnen

$= 3 \cdot (6 - \mathbf{0{,}7} \cdot 3) - 1$ | Punkt vor Strich in Klammer

$= 3 \cdot (6 - 2{,}1) - 1$ | nächste Klammer berechnen

$= 3 \cdot 3{,}9 - 1$ | wieder Punkt vor Strich

$= 11{,}7 - 1 = 10{,}7$

$$3 \cdot (6 - (4{,}5 - 3{,}8) \cdot 3) - 1 = 10{,}7$$

Test 1: Addition und Subtraktion

üben

1 **Zahlensalat.**
Rechts siehst du eine willkürliche Mischung rationaler Zahlen.

a) Notiere alle natürlichen Zahlen.
b) Finde alle ganzen Zahlen.
c) Welche Zahlen gehören ausschließlich zu den rationalen Zahlen?
d) Sortiere alle Zahlen der Größe nach.

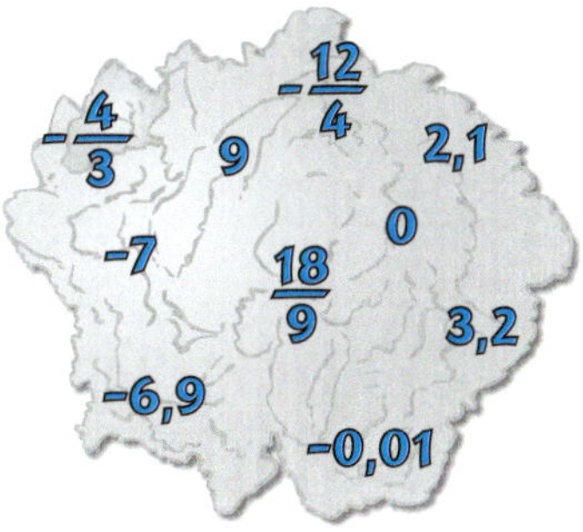

2 Kontrolliere Davids Hausaufgaben.
Gib bei Fehlern die richtige Lösung an.

a) $\lvert -3{,}5 \rvert = 3{,}5$	b) $\lvert 6{,}4 \rvert = -6{,}4$
c) $7{,}1 < \lvert -9 \rvert$	d) $\frac{3}{5} < \frac{5}{3}$
e) $-2{,}1765 > 2{,}1567$	f) $\lvert x \rvert = 13 \Rightarrow x = -13$

3 Berechne und trage die Ergebnisse ein.

a)
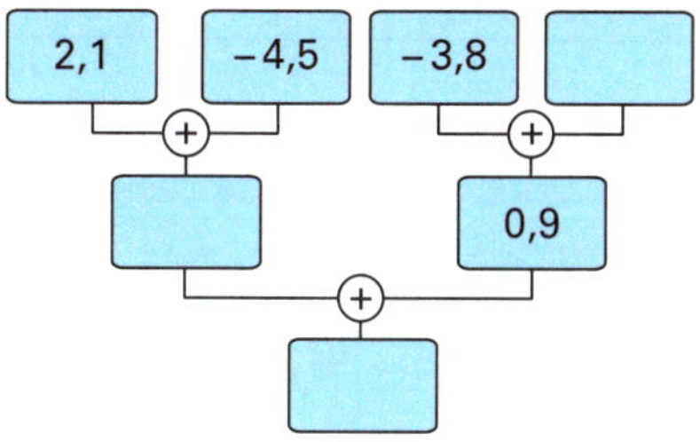

b)
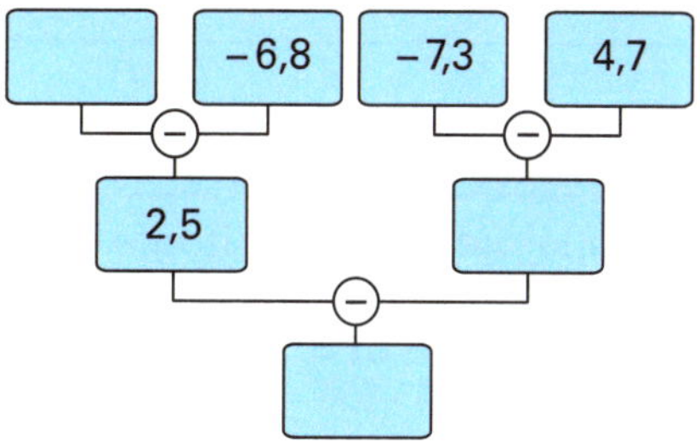

4 Rechne im Kopf. Fülle die leeren Felder aus. Du hast richtig gerechnet, wenn am Ende wieder der Wert im Startfeld rauskommt.

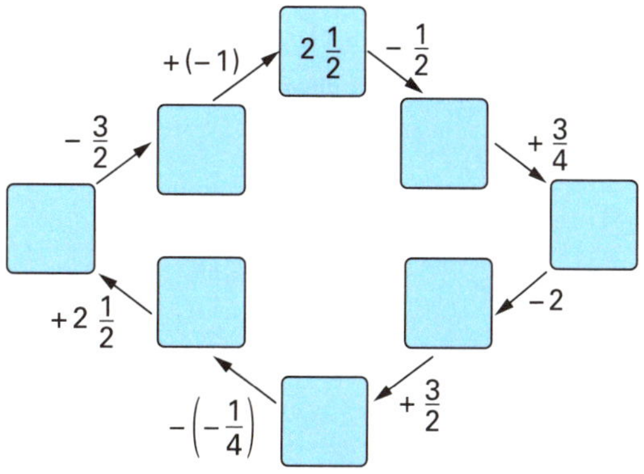

üben

Test 2: Multiplikation und Division

1 Berechne.

a) $2{,}4 \cdot (-3{,}1)$ b) $\left(-\frac{3}{7}\right) \cdot \left(-\frac{21}{15}\right)$ c) $(-3{,}6) : \frac{2}{5}$ d) $\left(-1\frac{1}{6}\right) : \left(-\frac{14}{24}\right)$

2 Ergänze die fehlende Zahl.

a) $2{,}5 \cdot \square = -10$ b) $\square \cdot |-3{,}8| = -7{,}6$ c) $-\frac{2}{9} \cdot \square = -\frac{1}{3}$

d) $\frac{4}{\square} : 2 = -\frac{2}{5}$ e) $\frac{\square}{12} \cdot \frac{2}{-15} = \frac{1}{18}$ f) $|\square| : (-5) = 3$

3 Löse die Textaufgaben mithilfe einer geeigneten Rechnung.

a) Multipliziere die Differenz aus 7,4 und 3,2 mit −1,6.

b) Dividiere die Summe aus 4,1 und −2,7 durch 0,7.

c) Multipliziere die Differenz aus 4,2 und 5,9 mit der Summe aus 3,1 und −6,4.

4 Fülle die Lücken mithilfe der Distributivgesetze aus.

a) $-5 \cdot (2 + 6) = \square\ 10\ \square\ (-30)$ b) $\square \cdot (5 + 9) = -20\ \square$

c) $(12 - 8) : (-4) = \square\ 3\ \square\ 2$ d) $(\square + (-21)) : \square = \square + 3 = 1$

5 Einen Ausdruck wie $4 \cdot a - 3 \cdot b$ nennt man einen Term.
Bereche den Wert des Terms für a) $a = -5;\ b = 3$ b) $a = -3{,}2;\ b = -5{,}7$.

Test 3: Aufgaben für Experten

1 Berechne im Kopf.

a) Addiere zeilen- und spaltenweise.

0,3	−1,5	2	
−0,5	1,2	−0,5	
−0,8	0,3	1	

b) Multipliziere zeilen- und spaltenweise.

0,2	−5	1	
−10	0,1	$\frac{4}{2}$	
$-\frac{1}{2}$	−4	$-\frac{3}{6}$	

2 Berechne. Achte auf die Rechenregeln.

a) $-2\cdot(3-6\cdot(+0{,}5)-4)+2$

b) $((7{,}4+3):2-3{,}2)\cdot\left(-\frac{2}{3}\right)$

c) $\frac{1}{4}\cdot\left(\frac{1}{2}-\frac{2}{3}\cdot\frac{9}{4}-(-2)\right)+5{,}75$

3 Hier sind einige Klammern verlorengegangen.
Setze sie so, dass das Ergebnis stimmt.

a) $-\ 3\ \cdot\ 2\ +\ 5\ +\ 7\ =\ -14$

b) $-\ 3\ \cdot\ 2\ +\ 5\ +\ 7\ =\ -42$

c) $4\ -\ 2{,}5\ \cdot\ 3\ -\ 5\ =\ -3$

d) $2\ \cdot\ 4\ -\ 2{,}5\ \cdot\ 4\ +\ 12\ =\ 0$

4 Der Lehrer Hr. Weizenfeld gewinnt 500 €. Er teilt den Gewinn durch zwei und gibt die Hälfte seiner Frau. Von seiner Hälfte gibt er seiner Tochter 50 € und geht für 60 € mit ihr essen. Mit dem Rest möchte er seine Klasse, die aus 32 Schülerinnen und Schülern besteht, zum Eisessen einladen. Wie viel darf ein Eis höchstens kosten, wenn er nicht mehr als seinen Anteil des Gewinns ausgeben möchte? Stelle eine Rechnung auf, die den Sachverhalt beschreibt, und löse sie dann.

Klassenarbeit Nr. 3

45 min

können

/4

1 Ergänze den folgenden Text sinnvoll.

Die Zahl –3 gehört zu den ______________ und ____________ Zahlen, aber nicht zu den ____________________. Zwei rationale Zahlen mit gleichen __________ werden addiert, indem man die ____________ addiert und das Ergebnis erhält ______________________________. Wenn man zwei rationale Zahlen mit ________________ Vorzeichen multipliziert, ist das ______________ positiv.

/3

2 Suche alle rationalen Zahlen, die **keine** natürlichen oder ganzen Zahlen sind und sortiere sie von klein nach groß. Du erhältst ein Lösungswort.

A	L	K	E	T	I	L	Z	E	M	S	D	R	P
1,5	–2,0	11	–3,5	$\frac{14}{7}$	$-\frac{14}{8}$	$3\frac{1}{6}$	–2,01	5,1	$\frac{9}{10}$	–3	–6,9	$\frac{54}{27}$	–20

Lösungswort: ______________________________

/6

X **3** Berechne.

a) $9{,}1 + (-7{,}8)$

b) $-\frac{11}{2} - \frac{3}{4}$

c) $-3{,}6 - (-4{,}5)$

d) $(-6{,}2) \cdot 1{,}4$

e) $\left|-3\frac{1}{8}\right| \cdot \left|-\frac{4}{5}\right|$

f) $\left|5\frac{1}{7}\right| : \left|-\frac{12}{21}\right|$

/3

X **4** Berechne. Achte auf die richtige Reihenfolge.

a) $13{,}4 - 4{,}2 \cdot 3 - 0{,}7$

b) $22{,}5 - (16{,}1 - 9{,}8) - 3{,}1$

c) $4{,}5 + (3{,}1 - 2{,}3) \cdot 2{,}5 - 4$

können

5 Löse mithilfe einer geeigneten Rechnung.

a) Timo, Julius und Adrienne verkaufen auf dem Weihnachtsmarkt selbst gebastelte Weihnachtsdekoration zugunsten obdachloser Kinder. Adriennes Vater verspricht ihnen, ihren Gewinn zu verdreifachen. Sie haben 65,80 € eingenommen, mussten aber 18,20 € für das Material und 15 € für die Standmiete bezahlen. Wie viel Geld können sie spenden?

b) Felix möchte von Mara wissen, was für eine Note sie in der letzten Mathearbeit geschrieben hat. Mara antwortet: „Wenn man die Differenz aus 7,2 und 3,8 mit 5 multipliziert, anschließend 8 addiert und alles durch 10 teilt, dann kommt meine Note raus:“ Welche Note hat Mara geschrieben? (Tipp: Du musst mit mehreren, in einander verschachtelten Klammer arbeiten.)

/6

6 Berechne. Am Schluss muss wieder der Startwert rauskommen.
Benutze dein Heft für Nebenrechnungen.

a)

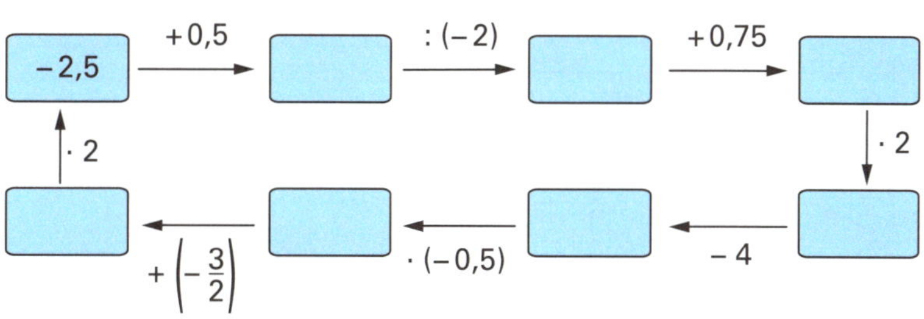

b)

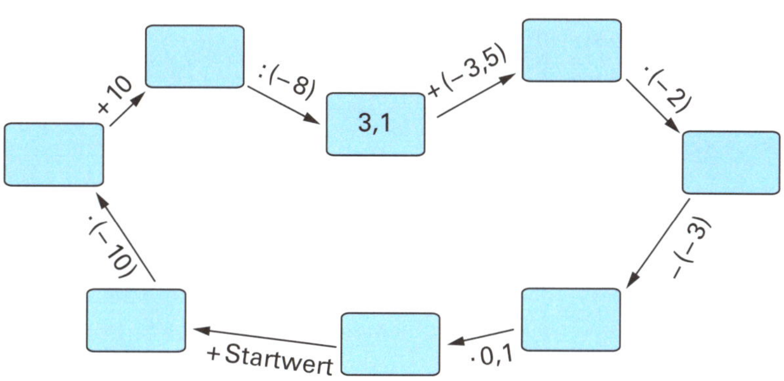

/8

erreichte Punktzahl

/ 30

verstehen

4 Kreise und Winkel

Kreise

Auf einem Kreis liegen alle Punkte, die von einem vorgegebenen Punkt **M**, dem **Mittelpunkt**, den gleichen Abstand, den **Radius r**, haben. Ob ein Punkt außerhalb, auf oder in einem Kreis liegt, hängt von seiner Entfernung zum Mittelpunkt und dem Radius ab. Für einen Punkt außerhalb gilt $d(P, M) > r$ (lies: der Abstand d zwischen P und M ist größer als der Radius r), für einen Punkt auf dem Kreis $d(P, M) = r$ und für einen Punkt innerhalb des Kreises $d(P, M) < r$.

Beispiel 1: Gegeben ist ein Kreis mit dem Mittelpunkt M und dem Radius $r = 2\,\text{cm}$ sowie die Punkte A, B und C.
Es gilt: $d(A, M) = 3\,\text{cm}$; $d(B, M) = 2\,\text{cm}$; $d(C, M) = 1{,}5\,\text{cm}$.

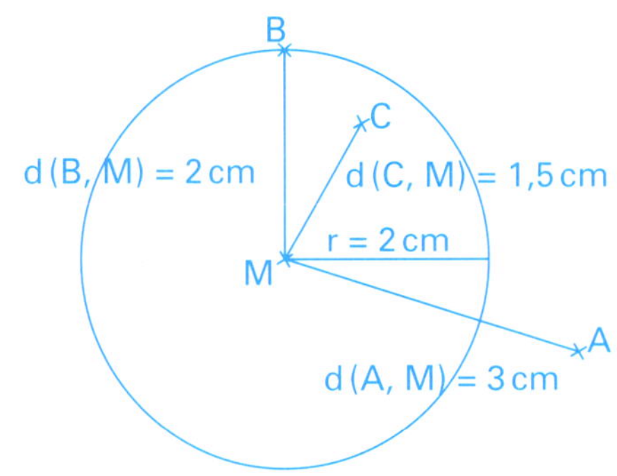

Eine Gerade, die einen Kreis berührt, nennt man eine **Tangente (t)**. Hat eine Gerade keinen Punkt mit dem Kreis gemeinsam, nennt man sie **Passante (p)**. Eine Gerade, die einen Kreis in zwei Punkten P und Q schneidet, nennt man **Sekante (s)**.
Die Strecke, die die Punkte A und B verbindet, nennt man **Sehne**. Die längste Sehne, die in einem Kreis möglich ist, geht durch den Mittelpunkt. Sie heißt **Durchmesser d**.
Ein Durchmesser ist doppelt so lang wie der Radius $(d = 2r)$.

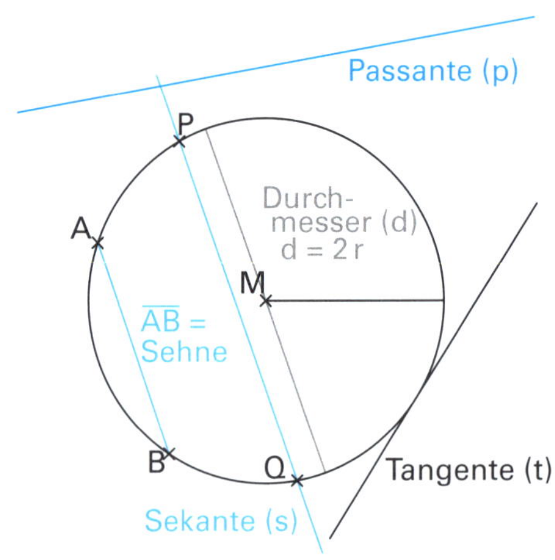

Beispiel 2: Zeichne einen Kreis mit dem Radius $r = 2\,\text{cm}$. Konstruiere anschließend Sehnen mit der Länge
a) $\ell = 2\,\text{cm}$; b) $\ell = 1\,\text{cm}$;
c) $\ell = 3{,}5\,\text{cm}$; d) $\ell = 5\,\text{cm}$.

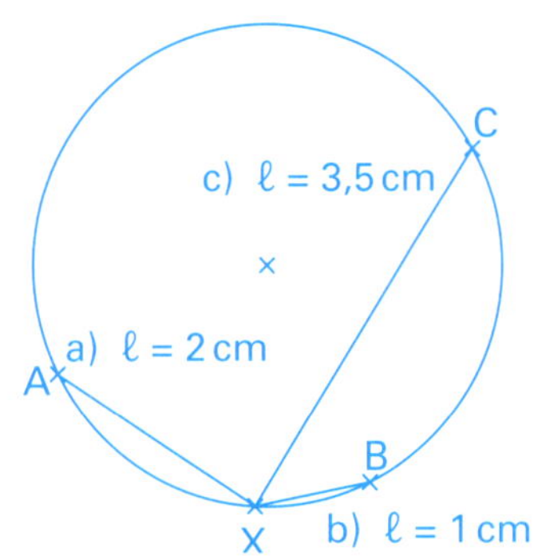

d) keine Lösung möglich, da $\ell = 5\,\text{cm} > d = 4\,\text{cm}$.

Willst du eine Sehne mit einer bestimmten Länge ℓ in einem Kreis konstruieren, kannst du folgendermaßen vorgehen: Lege einen der beiden Kreispunkte (im Beispiel X) der Sehne fest. Ziehe mit dem Zirkel einen Kreisbogen mit dem Radius $r = \ell$ um den Punkt. Der Schnittpunkt (im Beispiel A, B, C) mit dem Kreis ist der zweite Punkt der Sehne.

Winkel

Winkel entstehen, wenn sich zwei Geraden schneiden, zwei Strahlen (Halbgeraden) einen gemeinsamen Anfangspunkt haben oder Strecken um einen Punkt gedreht werden.

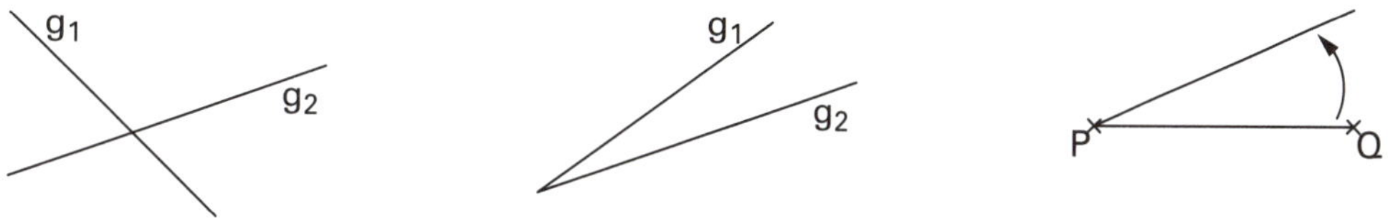

Die beiden Strahlen eines Winkels nennt man die **Schenkel** und den Anfangspunkt **Scheitel**.

Es gibt drei verschiedene Bezeichnungsweisen für Winkel:

1. Mit einem kleinen griechischen Buchstaben (α, β, γ, δ ...), in geometrischen Figuren (Dreieck, Viereck ...) passend zum Scheitel (α in Punkt A, β in B etc.),
2. mit den beiden Schenkeln ($\measuredangle$ (erster Schenkel, zweiter Schenkel)), oder
3. mit dem Scheitelpunkt und je einem Punkt auf den Schenkeln ($\measuredangle\, P_1SP_2$; Scheitel steht immer in der Mitte).

Es ist ganz wichtig, daran zu denken, dass der mathematische Drehsinn entgegengesetzt zum Uhrzeigersinn ist. Winkel werden in Grad gemessen (ein Kreis hat 360°).

Beispiel 3: Gib mehrere Bezeichnungsmöglichkeiten für folgende Winkel an.

a)

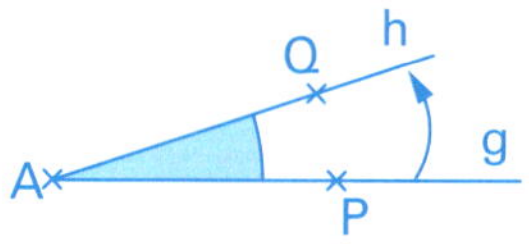

- α
- $\measuredangle$ (g,h)
- $\measuredangle$ PAQ

b)

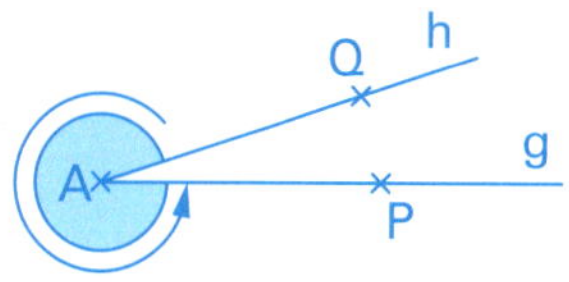

- α
- $\measuredangle$ (h,g)
- $\measuredangle$ QAP

Je nach Größenbereich unterscheidet man die folgenden **Winkelarten**:

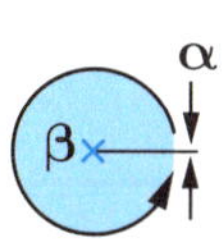
Nullwinkel $\alpha = 0°$
Vollwinkel $\beta = 360°$

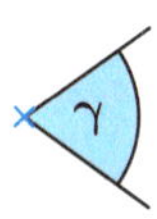
spitzer Winkel
$0° < \gamma < 90°$

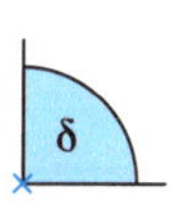
rechter Winkel
$\delta = 90°$

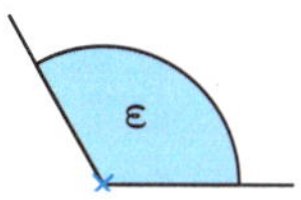
stumpfer Winkel
$90° < \varepsilon < 180°$

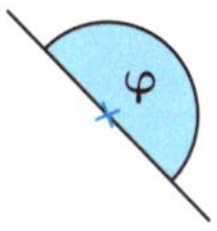
gestreckter Winkel
$\varphi = 180°$

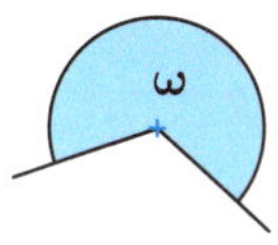
überstumpfer Winkel
$180° < \omega < 360°$

Die am häufigsten für Winkel verwendeten griechischen Kleinbuchstaben sind:
α - Alpha
β - Beta
γ - Gamma
δ - Delta
ε - Epsilon
φ - Phi
ω - Omega
Rechte Winkel werden oft mit folgendem Symbol dargestellt: ⊾

Beispiel 4: Trage in nachfolgender Zeichnung die Winkel α, β, γ, δ an die richtige Stelle ein und gib jeweils an, um welche Winkelart es sich handelt.

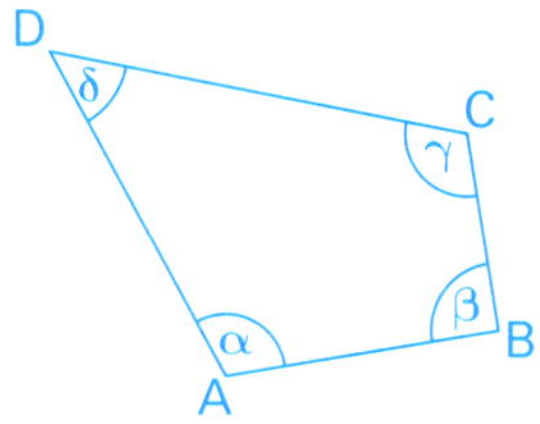

α: stumpfer Winkel β: rechter Winkel

γ: stumpfer Winkel δ: spitzer Winkel

Winkel zeichnen und messen

Winkel zeichnet und misst man mit dem **Geodreieck**. Das Geodreieck hat zwei Winkelskalen, eine innere und eine äußere. Dadurch hast du immer zwei Möglichkeiten, wie du Winkel zeichnen oder messen kannst.

Beispiel 5: Zeichne einen Winkel mit 30°.

Möglichkeit a:

① Schenkel zeichnen.

② Geodreieck von unten mit dem Nullpunkt im Scheitel anlegen und im mathematischen Drehsinn so weit drehen, bis der erste Schenkel in der inneren Skala auf 30° steht,

③ dann den zweiten Schenkel zeichnen.

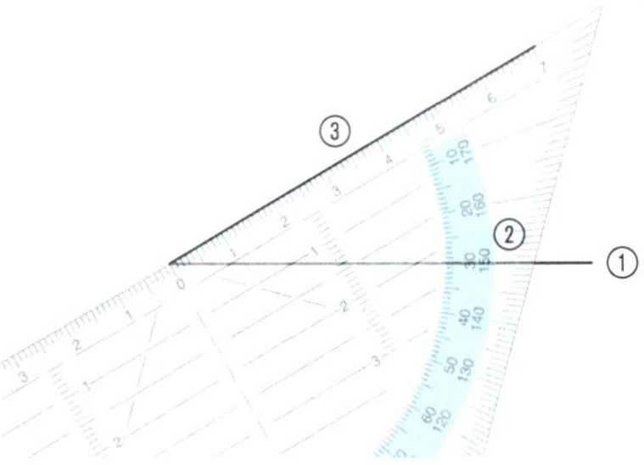

Möglichkeit b:

① Schenkel zeichnen.

② Geodreieck von oben mit dem Nullpunkt an den Scheitel anlegen und bei 30° auf der äußeren Skala einen Punkt P markieren.

③ Zweiten Schenkel durch den Scheitel und den Punkt P ziehen.

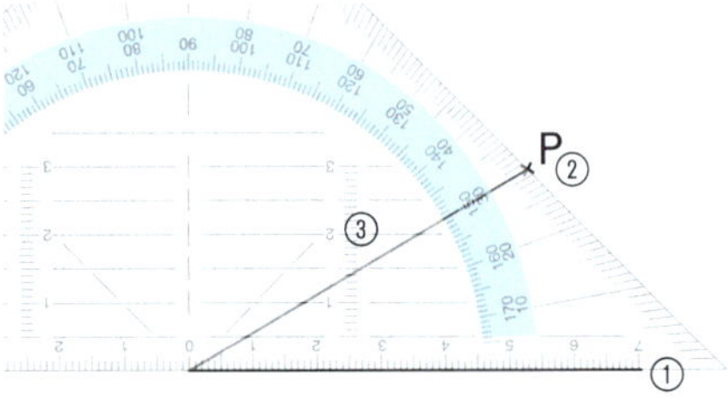

Beispiel 6: Miss den gegebenen Winkel.

Möglichkeit a: Geodreieck von unten mit dem Nullpunkt im Scheitel an den ersten Schenkel anlegen und soweit drehen, bis es auf dem zweiten Schenkel liegt. Winkel auf der inneren Skala ablesen.

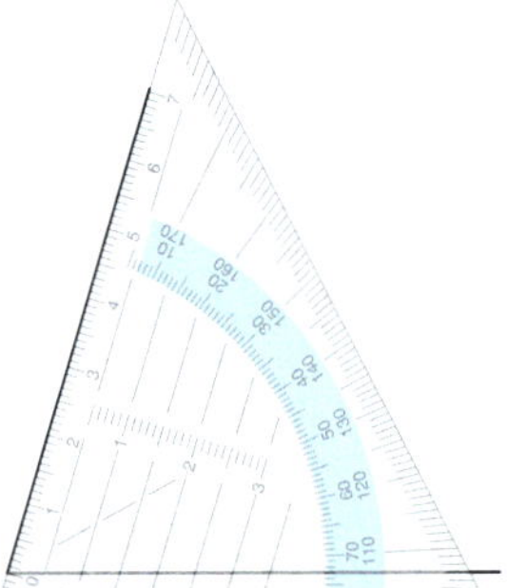

Möglichkeit b: Geodreieck von oben mit dem Nullpunkt im Scheitel auf den ersten Schenkel legen. Anschließend schauen, wo der zweite Schenkel die äußere Skala trifft und Winkel ablesen.

Lösung: Der Winkel misst 73°.

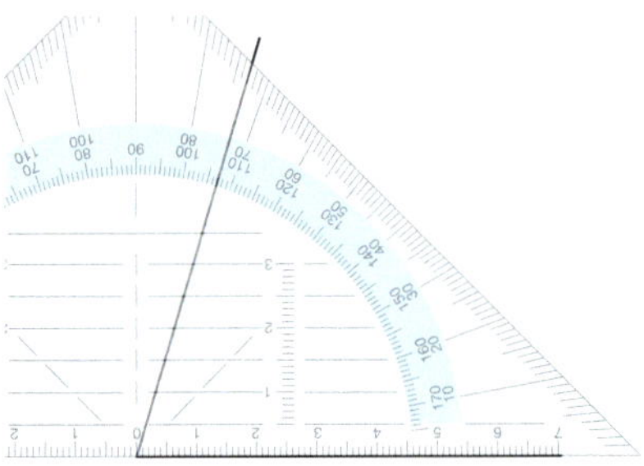

Manchmal musst du die Schenkel eines Winkels erst verlängern, ehe du Winkel messen kannst. Überstumpfe Winkel, also solche die größer sind als 180°, kannst du zeichnen, indem du ausrechnest wie viel du zu den 180° des Geodreiecks dazuzählen, bzw. wie viel du von 360° (Vollwinkel) abziehen musst, um auf den gesuchten Winkel zu kommen.

Beispiel 7: Zeichne einen Winkel mit 317°

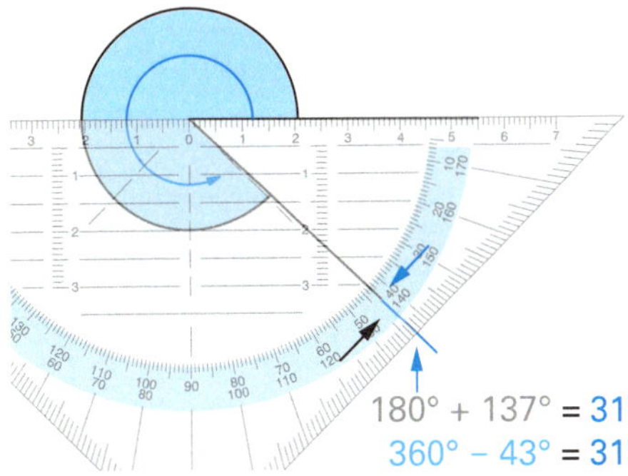

$180° + 137° = 317°$

$360° - 43° = 317°$

Winkel an Geradenkreuzungen

Wenn sich zwei Geraden g und h schneiden, entstehen vier Winkel (α, β, γ und δ), die zusammen den Vollwinkel ergeben. Es gilt also $\alpha + \beta + \gamma + \delta = 360°$. Winkel die nebeneinander liegen nennt man **Nebenwinkel** (α und β oder γ und δ).
Sie ergeben zusammen einen gestreckten Winkel, also 180°.
Winkel die sich gegenüberliegen nennt man **Gegenwinkel** oder **Scheitelwinkel** (α und γ oder β und δ). Sie sind immer gleich groß.

α und β = Nebenwinkel — $30° + 150° = 180°$

α und γ = Gegenwinkel/Scheitelwinkel — $\alpha = \gamma = 30°$

γ und δ = Nebenwinkel — $30° + 150° = 180°$

β und δ = Gegenwinkel/Scheitelwinkel — $\beta = \delta = 150°$

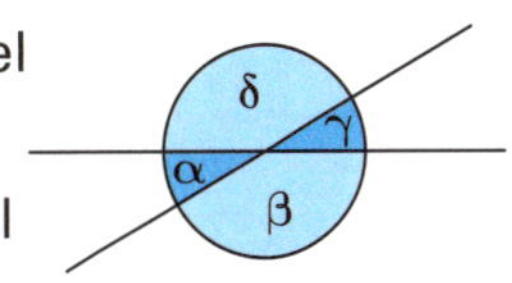

Beispiel 8: An folgender Geradenkreuzung gilt $\alpha = 65°$.
Gib die Größen der anderen Winkel an und begründe deine Rechnung.

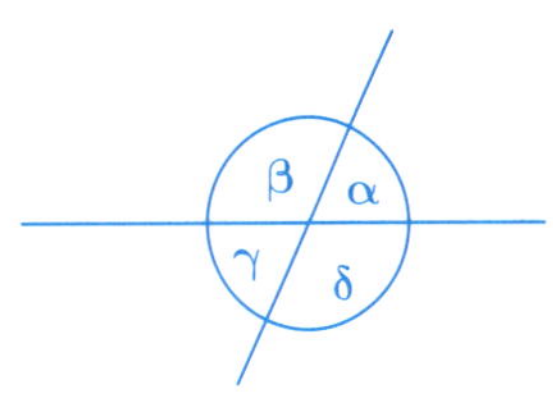

$\gamma = 65°$ (Scheitelwinkel zu α).
$\beta = 180° - \alpha = 115°$ (Nebenwinkel).
$\delta = 115°$ (Scheitelwinkel zu β).

Werden zwei parallele Geraden g und h von einer dritten Geraden i geschnitten sind die Schnittwinkel zwischen den Geraden g und i (α_1, β_1, γ_1, δ_1) gleich groß wie die entsprechenden Winkel zwischen h und i (α_2, β_2, γ_2, δ_2). Die Winkel, die auf der gleichen Seite von i und sich entsprechenden Seiten von g und h liegen nennt man **Stufenwinkel**. Sie sind gleich groß (α_1 und α_2, β_1 und β_2...).
Die Winkel, die auf unterschiedlichen Seiten von i und **nicht** auf sich entsprechenden Seiten von g und h liegen, nennt man **Wechselwinkel**. Auch sie sind gleich groß (α_1 und γ_2, β_1 und δ_2...).

Beispiel 9: Gib alle Winkelgrößen an und begründe deine Entscheidung.

$\beta_1 = 140°$ (Nebenwinkel von α_1)
$\alpha_2 = 40°$ (Stufenwinkel von α_1)
$\gamma_2 = 40°$ (Wechselwinkel von α_1)
$\delta_2 = 140°$ (Wechselwinkel von β_1)

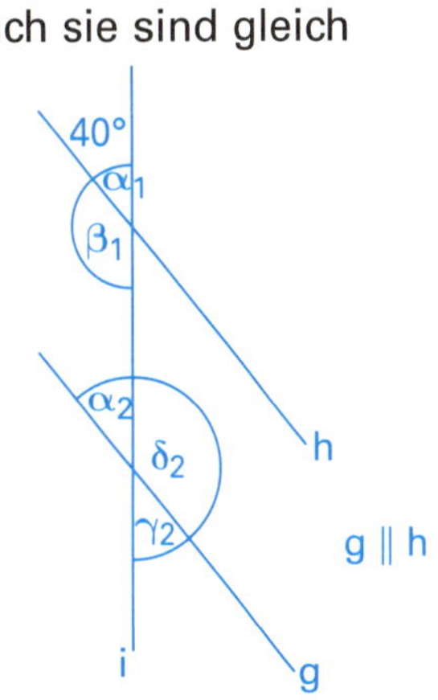

üben

Test 1: Kreise

1

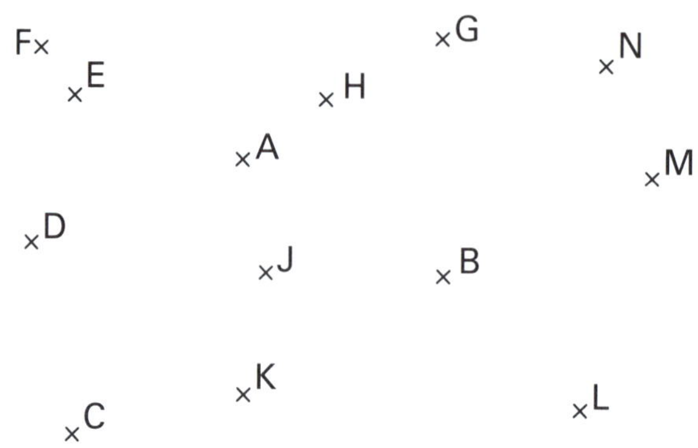

a) Zeichne um B einen Kreis K_1 mit dem Radius $r = \overline{BA}$.
Welche Punkte liegen innerhalb von K_1, auf K_1 und außerhalb von K_1?

b) Zeichne nun um A den Kreis K_2 mit demselben Radius $r = \overline{AB}$.
Welche Punkte ...

(1) sind von A und B weniger weit als r entfernt? ____________________

(2) haben von A und B genau den Abstand r? ____________________

(3) sind von A weiter als r und von B weniger weit als r entfernt? __________

(4) sind von A weniger weit als r und von B weiter als r entfernt? __________

(5) sind von A und B weiter als r entfernt? ____________________

2 Welche Punkte haben mindestens den Abstand $r_1 = 1\,\text{cm}$ und höchstens den Abstand $r_2 = 2\,\text{cm}$ von einem Punkt M? Gib deine Lösung mithilfe einer Zeichnung an.

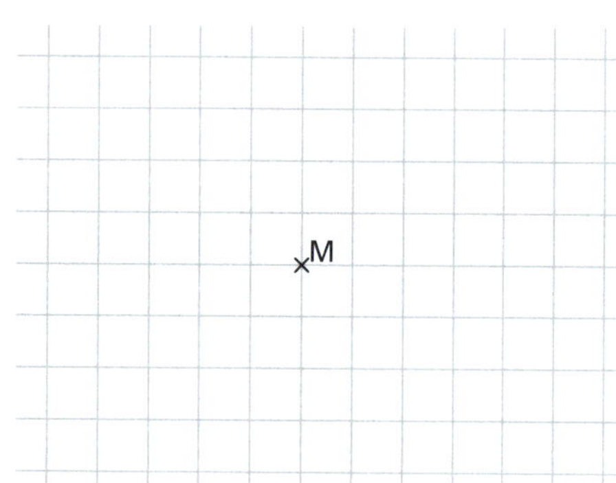

3 Zeichne die Geraden g durch A und B, h durch B und C und k durch A und C. Zeichne dann drei Kreise um M, die der Reihe nach eine der Geraden berühren. Ergänze jetzt die folgenden Leerstellen sinnvoll.

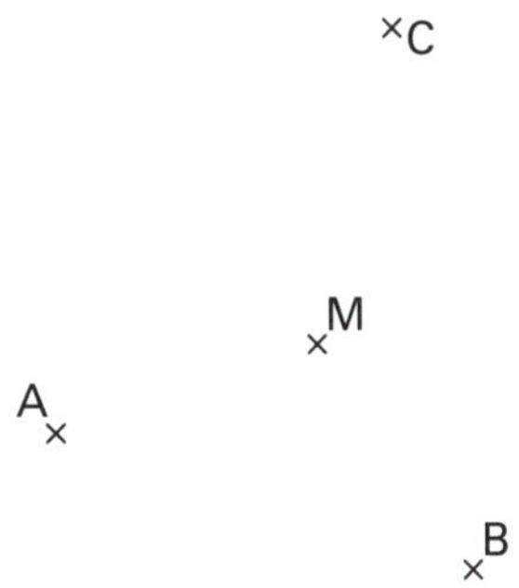

a) Wenn der Kreis g tangiert, dann ist h eine ______________ und k eine ______________.

b) Wenn der Kreis h tangiert, dann ist g eine ______________ und k eine ______________.

c) Wenn der Kreis k tangiert, dann ist g eine ______________ und h eine ______________.

d) Aus den Aussagen a) bis c) ergibt sich, dass die Gerade ______________ den geringsten Abstand zu M und die Gerade ______________ den größten Abstand zu M hat.

4 Löse zeichnerisch: Die beiden Sekanten s_1 und s_2 schneiden sich innerhalb des Kreises K mit dem Radius $r = 2\,cm$ um den Mittelpunkt M. Welche Punkte liegen auf denjenigen Seiten von s_1 und s_2, auf denen M nicht liegt, und sind zudem nicht weiter als r von M entfernt?

Test 2: Winkel und Winkelarten

1 Bestimme die Winkelart und gib mögliche Bezeichnungen an.

a)

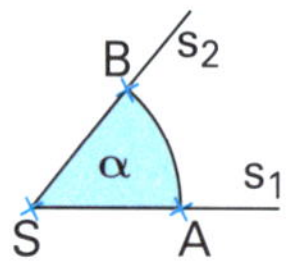

Winkelart: ______________________

Bezeichnungen: ______________________

b)

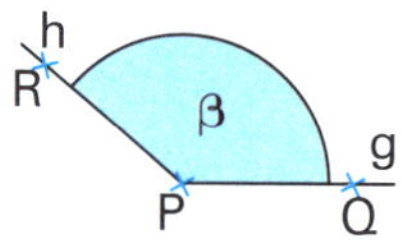

Winkelart: ______________________

Bezeichnungen: ______________________

c)

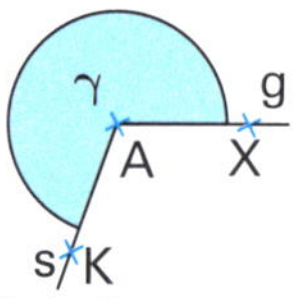

Winkelart: ______________________

Bezeichnungen: ______________________

2 Zeichne Winkel, die folgende Eigenschaften haben.

a) $\alpha = 90°$

b) $\measuredangle(a,b)$ ist ein spitzer Winkel

c) $180° < \measuredangle ABC < 360°$

3 $\alpha = 45°$ ist gegeben. Berechne β, γ sowie δ und bestimme die Winkelart:

a) $\beta = \alpha + 135° =$ ______ ______________________

b) $\gamma = 2 \cdot \alpha =$ ______ ______________________

c) $\delta = 4 \cdot \alpha - 30° =$ ______ ______________________

4 Berechne die fehlenden Winkelgrößen.

$\alpha =$ ______________________ = ____________

$\beta =$ ______________________

$\gamma =$ ______________________

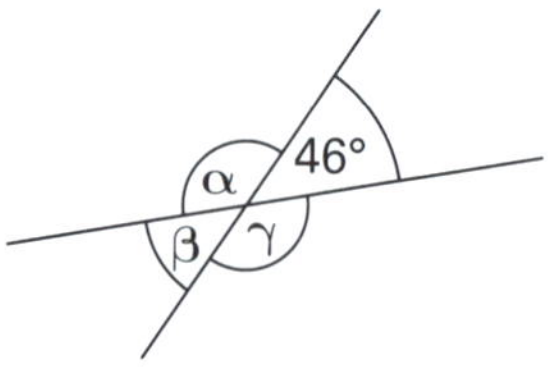

5 Wie groß sind die Winkel?

$\delta =$ ______________________

$\beta =$ ______________________

$\alpha =$ ______________________

$\gamma =$ ______________________

$\varepsilon =$ ______________________

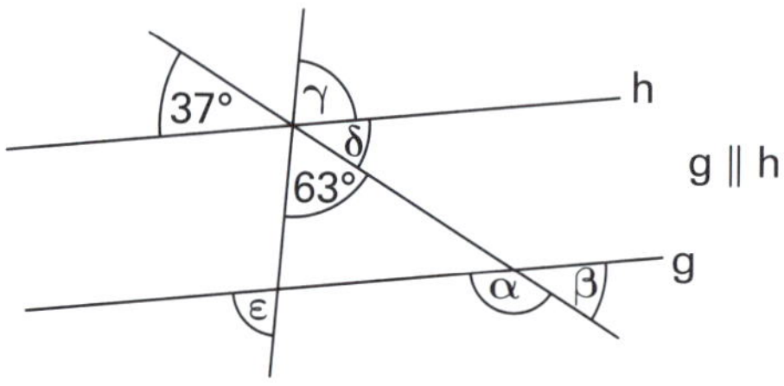

Test 3: Winkel messen und zeichnen

1 Zeichne jeweils eine Uhrzeit ein, bei der die beiden Zeiger den angegebenen Winkel einschließen, und gib, falls möglich, noch eine weitere Uhrzeit an. Der Minutenzeiger soll immer bei einer Stundenziffer stehen.

a) $\alpha = 60°$

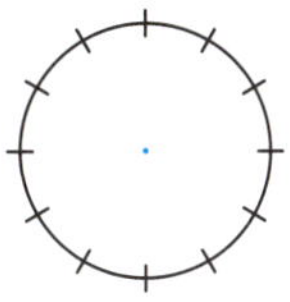

____

b) $\beta = 120°$

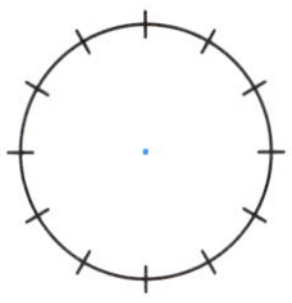

____

c) $\gamma = 165°$

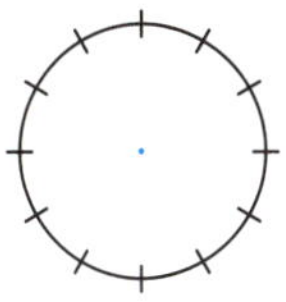

____

2 Zeichne die Winkel und gib an um welche Winkelart es sich handelt.

a) $\alpha = 38°$ ______________
b) $\beta = 123°$ ______________
c) $\gamma = 200°$ ______________
d) $\delta = 333°$ ______________

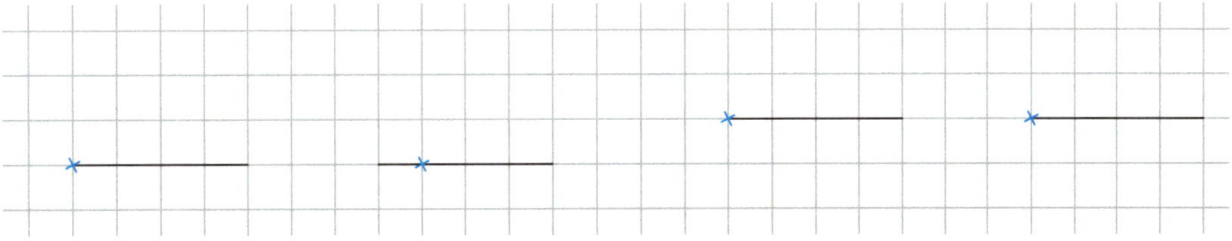

3 Miss die Innenwinkel des Vierecks.
Mach anschließend die Probe (alle Innenwinkel addiert müssen 360° ergeben).

α = ______________ β = ______________

γ = ______________ δ = ______________

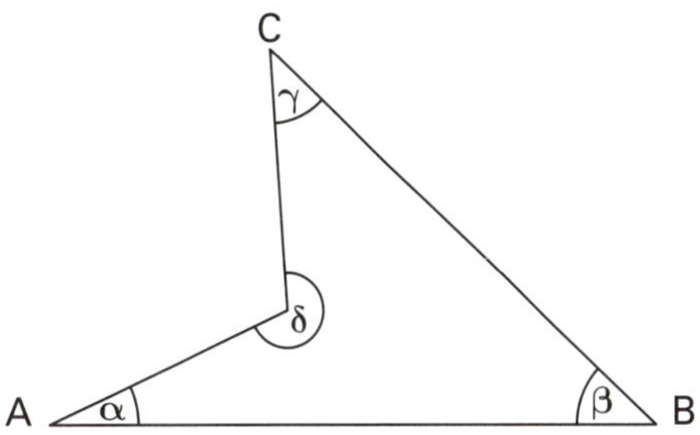

4 a) Trage die Geraden g_1 durch A und B, h_1 durch B und C und k_1 durch C und A ein, und bestimme folgende Winkelgrößen:

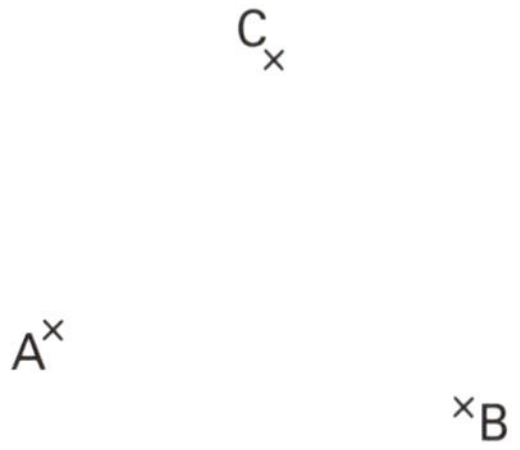

$\alpha = \measuredangle(BAC)$ = ______________

$\beta = \measuredangle(CBA)$ = ______________

$\gamma = \measuredangle(ACB)$ = ______________

b) Zeichne die Geraden g_2 parallel zu g_1 durch C, h_2 parallel zu h_1 durch A und k_2 parallel zu k_1 durch B, und stelle durch Ausmessen fest, ob und wo die Winkel α, β und γ in dem so entstandenen Dreieck erneut auftreten.

üben

üben

Test 4: Aufgaben für Experten

1 Die Stadt Ahausen soll mit dem neuen Behördenfunk Tetra ausgestattet werden. Dazu sind drei neue Funkmasten geplant. Prüfe, ob durch die gewählten Standorte eine lückenlose Funkverbindung gewährleistet ist, wenn der Mast 1 eine Reichweite von 5 km, der Mast 2 eine von 6 km und der Mast 3 eine Reichweite von 4,5 km hat. (1 cm ≙ 1 km)

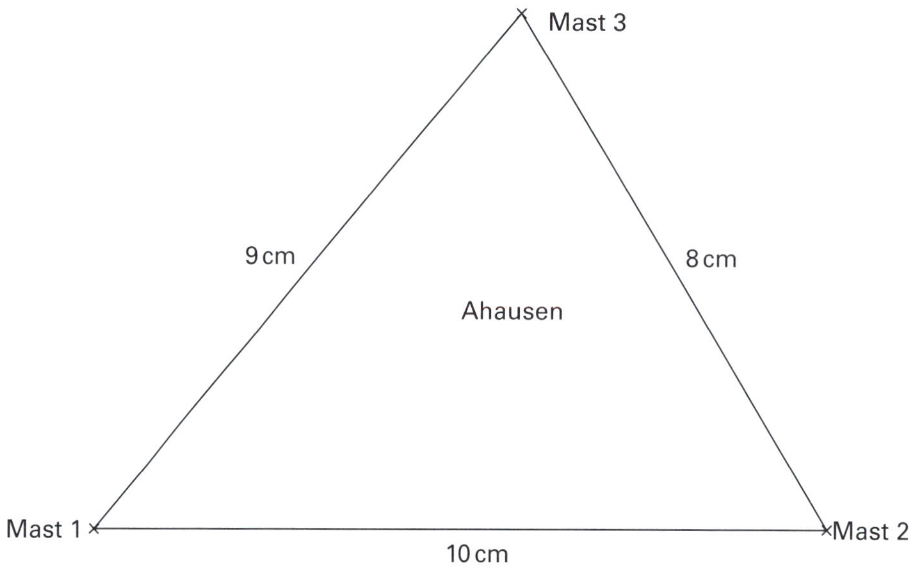

2 Tobias wettet: „Ich kann auf dem Schulhof einen Kreis zeichnen, der einen Radius von 2,5 m hat, obwohl es keinen so großen Zirkel gibt".
Erkläre, wie er das schaffen kann.

____

____

____

____

3 Sandra behauptet: „Ich kann jeden Winkel nur mithilfe von Zirkel und Lineal, also ohne Benutzung einer Winkelskala, verdoppeln!" Zeige am gegebenen Winkel, wie sie das wohl macht, und erläutere die Vorgehensweise.

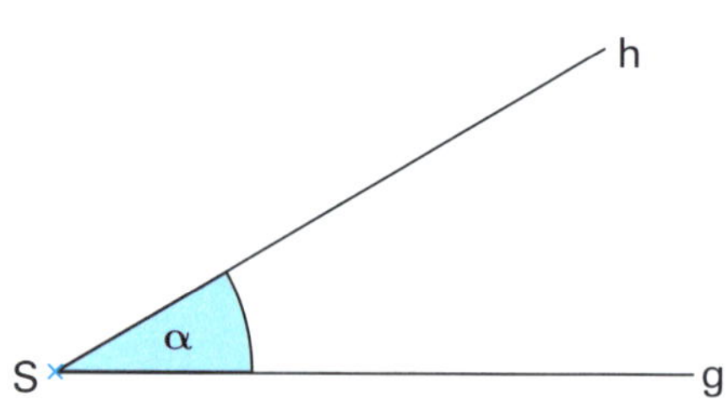

4 In jedem Dreieck ergibt die Summe der drei Innenwinkel 180°.
Es gilt: $\alpha + \beta + \gamma = 180°$.
Beweise die Richtigkeit des Satzes mithilfe der Zeichnung.

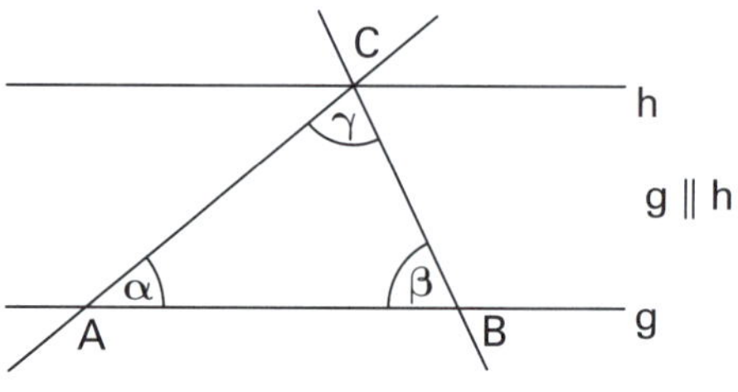

Klassenarbeit Nr. 4

45 min

können

1 Zeichne einen Kreis mit dem Mittelpunkt M und dem Radius $r = 3\,cm$.

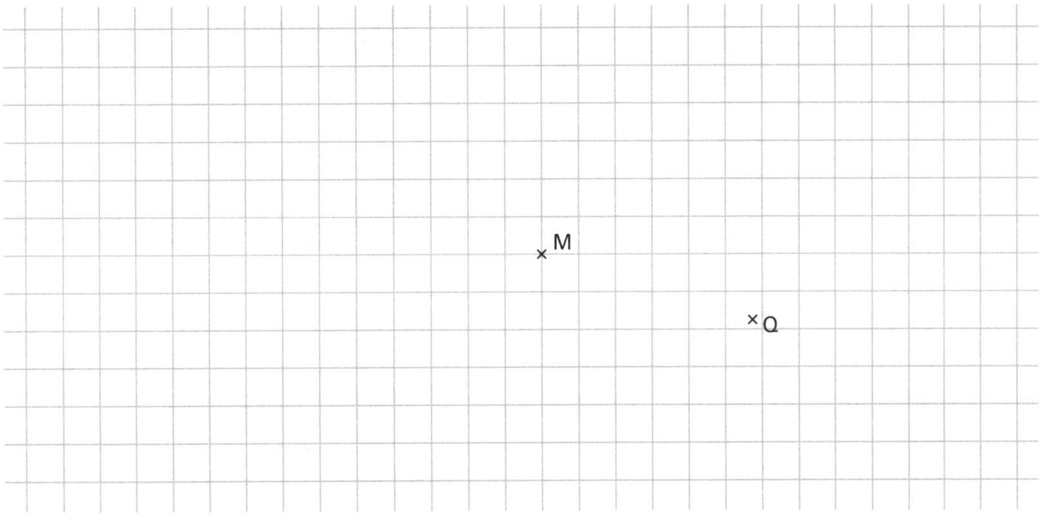

a) Für die drei Punkte A, B und C gilt: $d(A, M) = 2{,}8\,cm$; $d(B, M) = 5{,}4\,cm$ und $d(C,M) = 3\,cm$. Beschreibe die Lage der drei Punkte ohne zu zeichnen.

___

b) Konstruiere im Kreis oben eine Sehne mit der Länge $\ell = 2\,cm$, die durch Q geht.

c) Tim behauptet: „Wenn ich mit dem Zirkel eine Sehne konstruiere, erhalte ich immer zwei mögliche Lösungen." Ergänze die Zeichnung oben und erkläre, was er meint.

___

d) Sheila widerspricht Tim und behauptet: „Es gibt auch einen Fall, wo es nur eine Lösung gibt." Hat sie recht?

___

/7

2 Zeichne die Winkel und gib die Winkelart an.

a) $\alpha = 25°$ b) $\beta = 97°$ c) $\gamma = 265°$

/3

3 Wie groß ist der kleinere Winkel zwischen den beiden Uhrzeigern, wenn die folgenden Uhrzeiten angezeigt werden?

a) 3:00 Uhr b) 7:00 Uhr c) 14:30 Uhr d) 20:30 Uhr

___ ___ ___ ___

/4

können

/3

4 Trage die Winkel β, γ und δ in allen möglichen Positionen ein, wenn gilt:
β ist Nebenwinkel von α
γ ist Stufenwinkel von α
δ ist Wechselwinkel von α

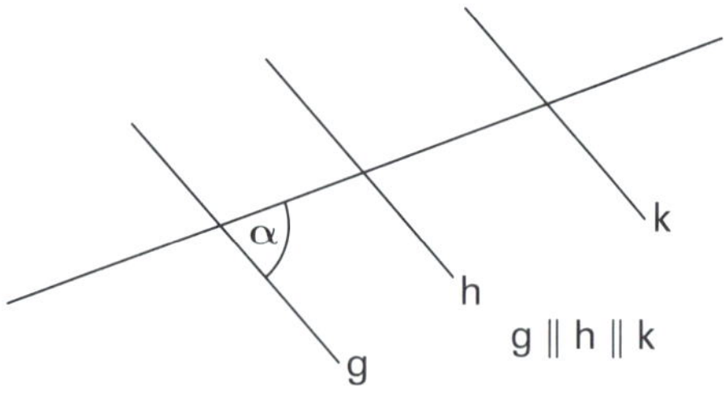

5 a) Zeichne von S aus die Halbgeraden t_1 und t_2 ein, die den Kreis K berühren, und miss die Winkel, die sie mit g einschließen: α_1 = _____; α_2 = _____

t_1 und t_2 heißen ________________.

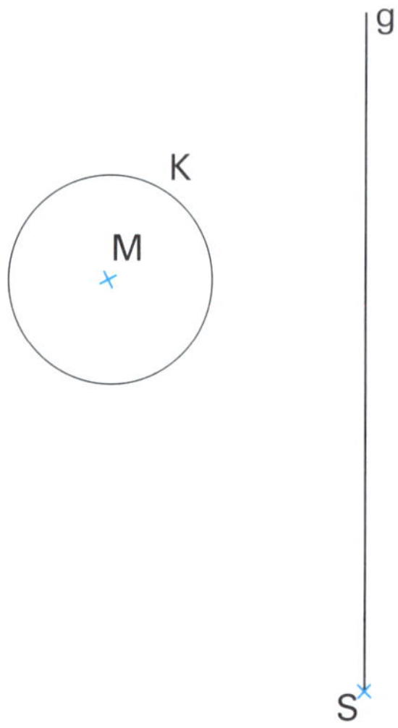

b) Die Halbgerade s, die von S aus durch M verläuft und K in S_1 und S_2 schneidet, bildet mit g den Winkel

α_3 = ____________;

s heißt: ______________,

die Strecke S_1S_2 heißt: ______________________________________.

/8

c) Gib die Winkelbereiche für eine Halbgerade an, die von S aus als Passante zu K verläuft ______________________ .

6 Berechne die fehlenden Winkelgrößen.

a) α = ______________________

β = ______________________

γ = ______________________

δ = ______________________

b) α = ______________________

β = ______________________

γ = ______________________

δ = ______________________

ε = ______________________

φ = ______________________

zu a)

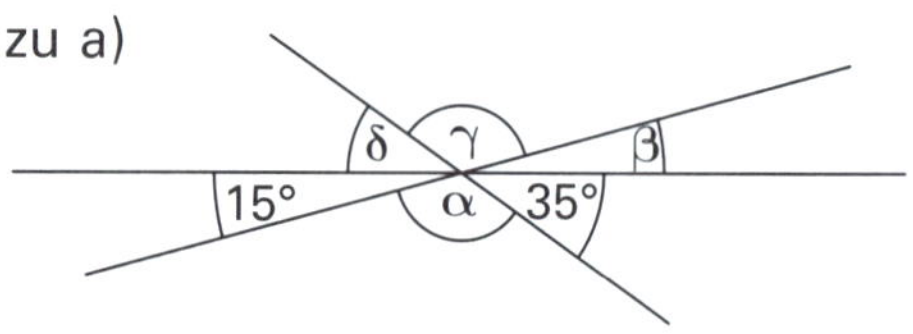

zu b)

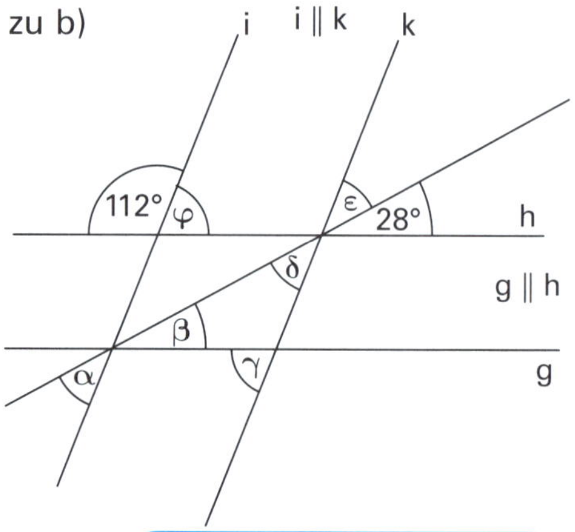

/5

erreichte Punktzahl

/ 30

5 Abbildung in der Ebene und Symmetrie

Abbildungen

Wird jedem Punkt der Zeichenebene durch eine Vorschrift eindeutig *genau ein Punkt derselben Ebene* zugeordnet, so spricht man von einer **Abbildung in der Ebene**. Urpunkte und Bildpunkte liegen dabei beide auf der Zeichenebene.
Zur Unterscheidung bezeichnet man die Urpunkte mit großen lateinischen Buchstaben, die zugehörigen Bildpunkte erhalten ein „′" (sprich: Strich) hinter den Buchstaben. Beispielsweise ist P′ („P-Strich") der Bildpunkt von P, B′ der abgebildete Punkt B. Bildet man den Bildpunkt P′ nochmals ab, erhält man P″, nach einer weiteren Abbildung P‴ und so weiter.

Führt man mehrere Abbildungen A_1, A_2 … nacheinander aus, schreibt man: $A_3 \circ A_2 \circ A_1$ und liest: A_3 nach A_2 nach A_1. Zuerst wird also die Abbildung A_1 angewandt, danach A_2 und danach A_3.

Verschiebung

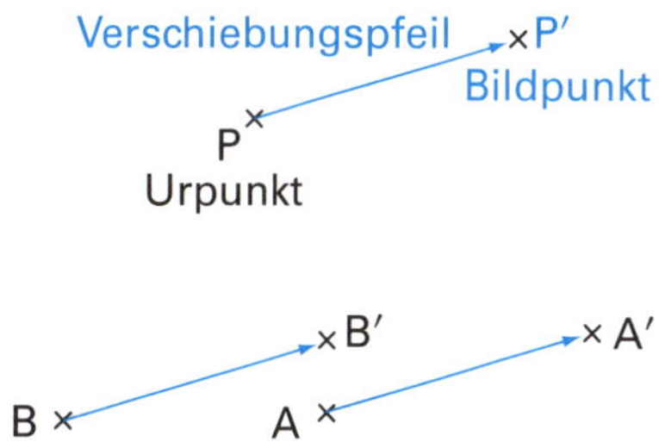

Wird jeder Punkt in dieselbe Richtung und um dieselbe Strecke verschoben, so heißt diese Abbildung Verschiebung. Der Pfeil von einem Punkt P (**Urpunkt**) zu seinem **Bildpunkt** P′ heißt **Verschiebungspfeil**. Alle Verschiebungspfeile einer Verschiebung sind parallel, gleich lang und haben dieselbe Richtung.
Durch ein einziges Punktepaar (A und A′) ist die Verschiebung eindeutig festgelegt.

Drehung

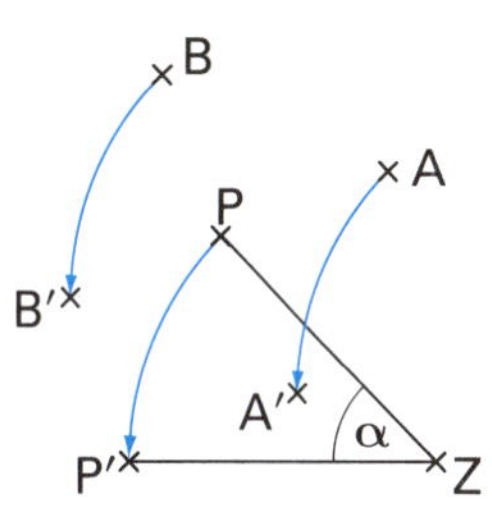

Wird jeder Punkt der Ebene um einen festen Punkt Z (**Zentrum**) mit demselben Winkel gedreht, so heißt die Abbildung Drehung um Z mit dem **Drehwinkel** α (auch Drehmaß α).
Da das Zentrum seine Lage nicht verändert, ist es ein sogenannter **Fixpunkt**. Es gilt stets $\overline{ZP} = \overline{ZP'}$.

Die **Drehrichtung** ist immer gegen den Uhrzeigersinn.
Durch das Drehzentrum Z und ein einziges Punktepaar (A und A′) ist die Drehung eindeutig festgelegt.
Zur Konstruktion von Drehungen ist ein Zirkel notwendig.

5 Abbildung in der Ebene und Symmetrie

Punktspiegelung

Ein Punkt P der Ebene wird am festen Punkt Z (Zentrum) gespiegelt, indem man die Strecke $\overline{PZ}$ verdoppelt. Der Endpunkt dieser doppelten Strecke ist der Bildpunkt P′.
Damit ist Z immer genau die Mitte von einem Urpunkt und seinem Bildpunkt. (Von A und A′, von B und B′ ...)
Beispiel 1: In der Abbildung rechts wurden die Punkte A, B und P an Z gespiegelt.

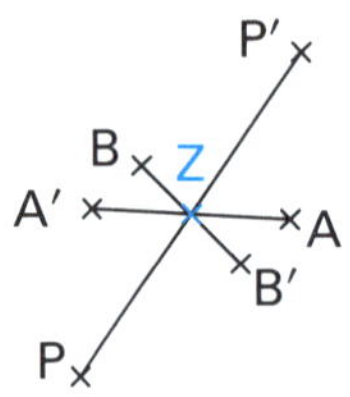

Achsenspiegelung

Ein Punkt wird an der Geraden g (Spiegelachse) gespiegelt, indem man das Lot von P auf g fällt und diese Strecke verdoppelt.
Oder: P′ liegt auf der **orthogonalen Geraden** zu g durch P („auf der anderen Seite") und hat den selben Abstand von g wie P von g.
Beispiel 2: In der Grafik rechts wurden die Punkte A, B und P an der Geraden g gespiegelt.

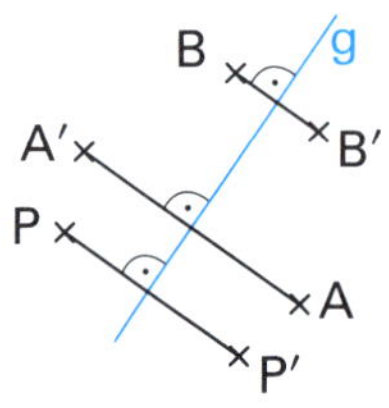

Symmetrien in Figuren

Eine Figur der Ebene, die durch eine Punktspiegelung, Achsenspiegelung oder Drehung auf sich selbst abgebildet werden kann, nennt man **symmetrisch**.
Je nach Abbildung ist die Figur dann **punktsymmetrisch** (Punktspiegelung), **achsensymmetrisch** (Achsenspiegelung) oder **drehsymmetrisch** (Drehung).
Solche symmetrischen Figuren kannst du auch in der Natur finden (z. B. in Blüten, bei Blättern, in Schmetterlingsflügeln etc.). Manche Figuren vereinen sogar mehrer Symmetrien in sich!

Beispiel 3: a) Das Quadrat ist punkt-, achsen- und drehsymmetrisch (mit den Drehmaßen $\alpha = 90°$, 180° und 270°).

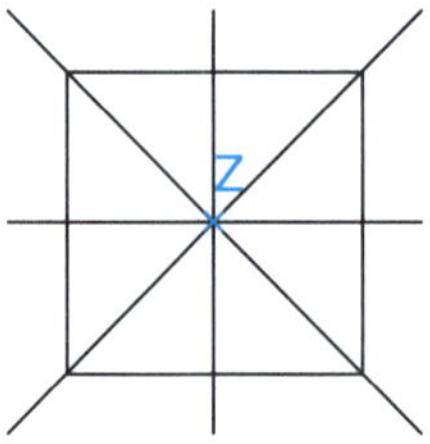

b) Das Firmenlogo eines bekannten Autoherstellers ist sowohl achsensymmetrisch (drei Symmetrieachsen!) als auch drehsymmetrisch (Drehmaß $\alpha = 120°$).

Test 1: Verschiebungen und Drehungen

üben

1 Bilde die Figuren mit der angegebenen Verschiebung ab.

a) 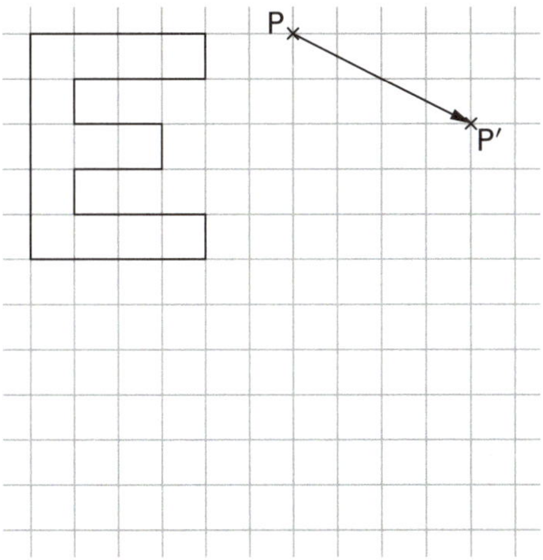

b) 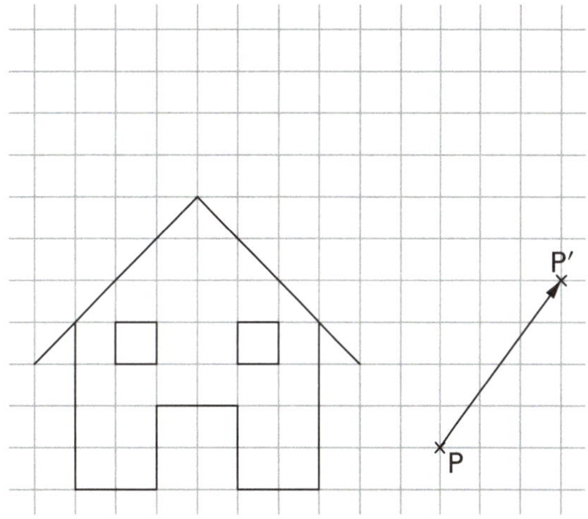

2 Jedes Punktepaar P und P′ beschreibt eine Abbildung im Koordinatensystem. Gib an, ob du nach rechts (r), links (l), oben (o) oder unten (u) gehen musst und um wie viele Gitterschritte. Bestimme dann den Bildpunkt A′ und den Urpunkt B.

P	(4|7)	(9|9)	(−2|4)	(0|−12)	(−5|0)	(5|−7)	(3|4)
P′	(7|3)	(−5|5)	(3|−4)	(−3|−3)	(−3|−2)	(5|7)	(3|4)
r/l							
o/u							
A	(0|0)	(1|−1)	(−1|1)	(1|1)	(−1|−1)	(−12|7)	(9|−7)
A′							
B							
B′	(0|0)	(1|−1)	(−1|1)	(1|1)	(−1|−1)	(−12|7)	(9|−7)

3 Drehe jede der Figuren am zugehörigen Zentrum Z um jeweils 90°.

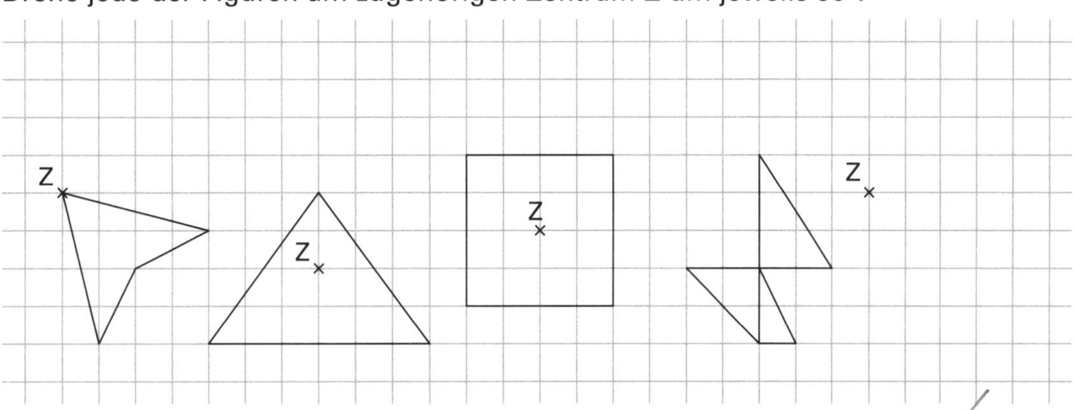

4 Das Dreieck ABC rechts wurde durch eine Drehung auf A′B′C′ abgebildet. Gib das Zentrum und den Drehwinkel an.

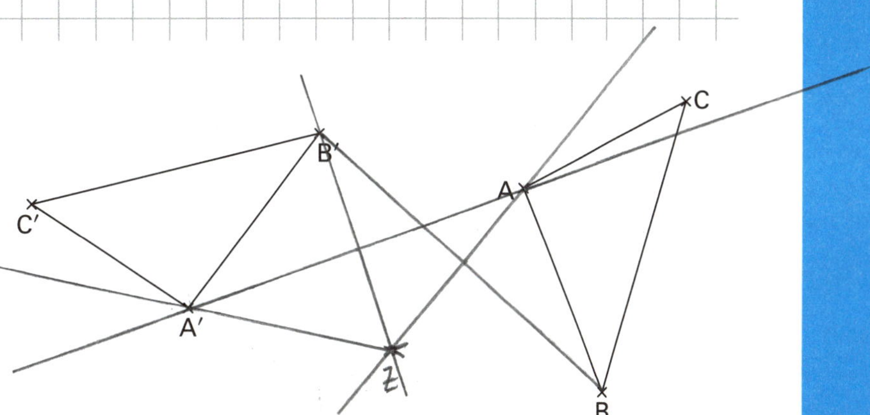

üben

Test 2: Spiegelungen

1 Spiegle das Dreieck DEF an der Geraden g.

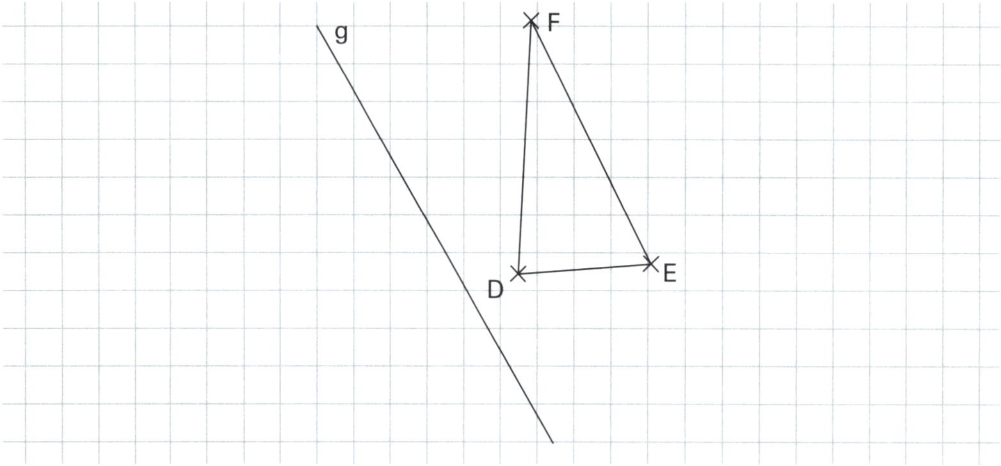

2 Spiegle das Dreieck ABC an den Punkten Z, A und M.
Verwende wegen der Übersichtlichkeit verschiedene Farben.

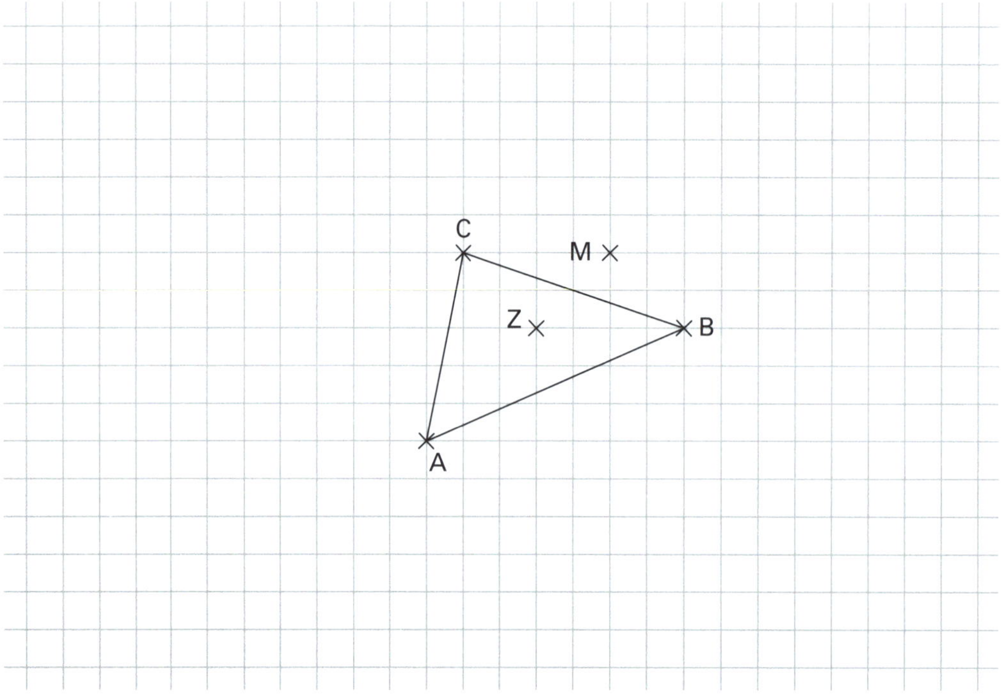

3 Das Dreieck G'H'I' entstand aus dem Dreieck GHI durch eine Spiegelung.
Trage die Spiegelachse ein.

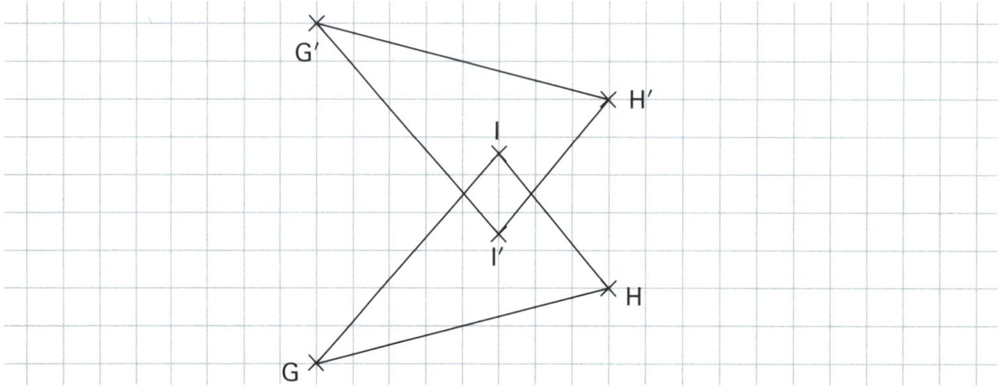

Test 3: Eigenschaften von Abbildungen

üben

1 Welche der Aussagen sind wahr (w), welche sind falsch (f)?

	w	f
a) Für zwei Verschiebungen V_1 und V_2 gilt: $V_2 \circ V_1 = V_1 \circ V_2$.	☐	☐
b) Für zwei Drehungen D_1 und D_2 gilt: $D_2 \circ D_1 = D_1 \circ D_2$.	☐	☐
c) Für zwei Punktspiegelungen S_1 uns S_2 gilt: $S_2 \circ S_1 = S_1 \circ S_2$.	☐	☐
d) Für zwei Geradenspiegelungen G_1 und G_2 gilt: $G_2 \circ G_1 = G_1 \circ G_2$.	☐	☐

Tipp: Überprüfe deine Antworten anhand von Beispielen.

2 Welche der Aussagen sind wahr (w), welche sind falsch (f) ?

	w	f
a) Spiegelt man eine Figur zunächst an der Geraden g, dann das Bild an der Geraden h, so erhält man dasselbe Bild, als hätte man die Figur am Schnittpunkt der beiden Geraden g und h gespiegelt.	☐	☐
b) Ein Dreieck kann durch eine Drehung immer so gedreht werden, dass eine Seite parallel zur Koordinatenachse ist.	☐	☐

3 Ein Dreieck ABC ist mathematisch positiv orientiert, wenn die Richtung von A über B nach C entgegen dem Uhrzeiger läuft, ansonsten ist das Dreieck mathematisch negativ orientiert. Welche der vier Abbildungen (Verschiebung, Drehung, Punktspiegelung, Geradenspiegelung) kehrt die Orientierung eines Dreiecks um?

mathematisch positiv

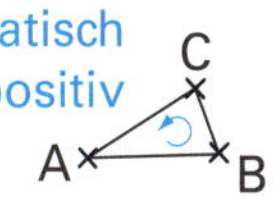

mathematisch negativ

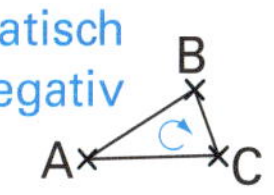

4 Wenn man ein beliebiges Dreieck abbildet, bleiben manche Eigenschaften des Dreiecks erhalten, andere ändern sich.
Kreuze in der Tabelle alle wahren Aussagen an.

Eigenschaften	Verschiebung	Drehung	Punktspiegelung	Geradenspiegelung
a) Flächeninhalt bleibt gleich				
b) Winkelweiten bleiben gleich				
c) Umlaufsinn bleibt gleich				
d) Urseite und Bildseite sind parallel				
e) Umfang bleibt gleich				

Test 4: Symmetrien

üben

1 Untersuche die Figuren auf Symmetrie. Gib gegebenenfalls die Punkte bzw. Achsen an, zu denen die Figur symmetrisch ist. Gib außerdem das Drehzentrum und das Drehmaß an, falls eine Drehsymmetrie vorliegt.

a) 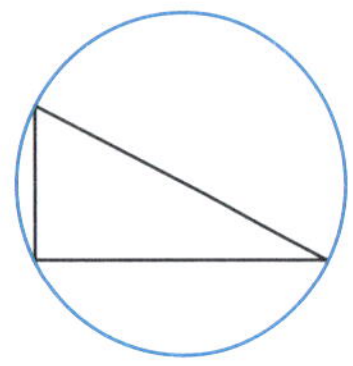

rechtwinkliges Dreieck

b) 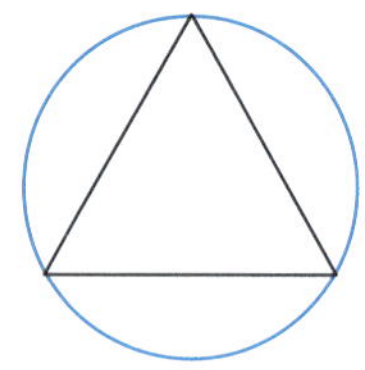

gleichseitiges Dreieck

c) 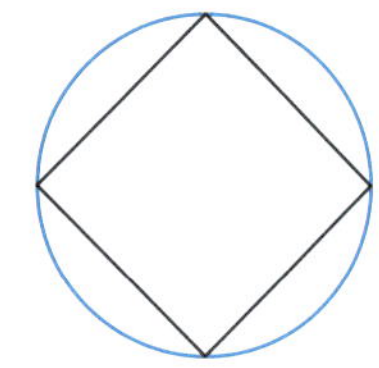

Quadrat

2 Gegeben sind die Großbuchstaben des Alphabets und die Zahlen von 0 bis 9:

A B C D E F G H I K L M N O P Q R
S T U V W X Y Z 0 1 2 3 4 5 6 7 8 9

Welche der Buchstaben und Zahlen sind punkt- und welche achsensymmetrisch?

Punktsymmetrisch sind:

Achsensymmetrisch sind:

3 Welche der Aussagen sind wahr, welche falsch?
Gib Beispiele oder Gegenbeispiele an.

	w	f
a) Eine Figur kann nicht zu zwei verschiedenen Punkten punktsymmetrisch sein.	☐	☐
b) Eine Figur kann nicht zu zwei verschiedenen Geraden achsensymmetrisch sein.	☐	☐
c) Eine Figur kann punktsymmetrisch und achsensymmetrisch sein.	☐	☐

4 Gib alle zweistelligen Zahlen an, die achsensymmetrisch sind.

Klassenarbeit Nr. 5 45 min

können

1 Gegeben sind zwei Drehungen:

- D_1 durch $Z_1(0|0)$ und $P(0|3) \rightarrow P'(3|0)$;
- D_2 durch $Z_2(-1|-2)$, Drehwinkel $\alpha_2 = 120°$.

a) Bilde durch jede der zwei Drehungen den dargestellten Buchstaben N im hier abgebildeten Koordinatensystem ab. Verwende verschiedene Farben.

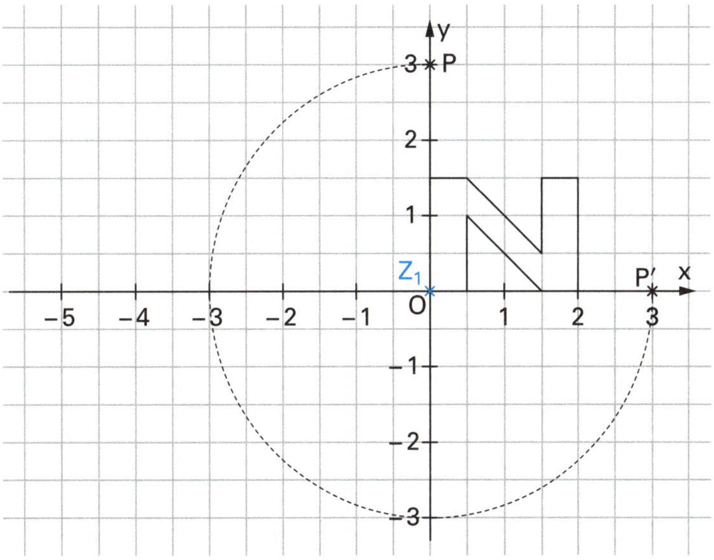

b) Zeichne in das untere Koordinatensystem. Bilde das Dreieck ABC mit $A(-2|-1)$, $B(2|0)$ und $C(-1|1)$ über $D_2 \circ D_1$ auf das Dreieck $A''B''C''$ ab.

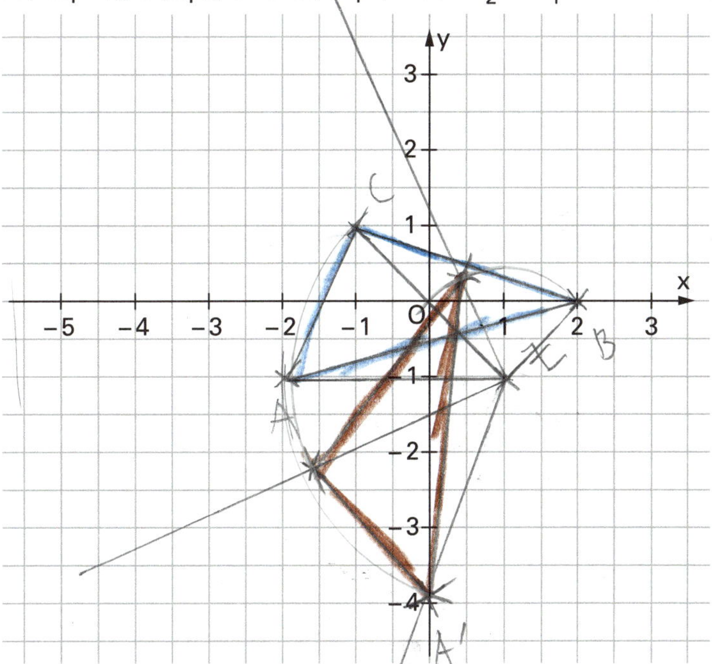

c) Bilde den Punkt $A(-2|-1)$ über $D_1 \circ D_2$ ab.
Vergleiche mit A'' der Teilaufgabe b). Was fällt dir auf?

____

____

/9

Klassenarbeit Nr. 5

2 Spiegle die Figuren

a) an der Geraden g.

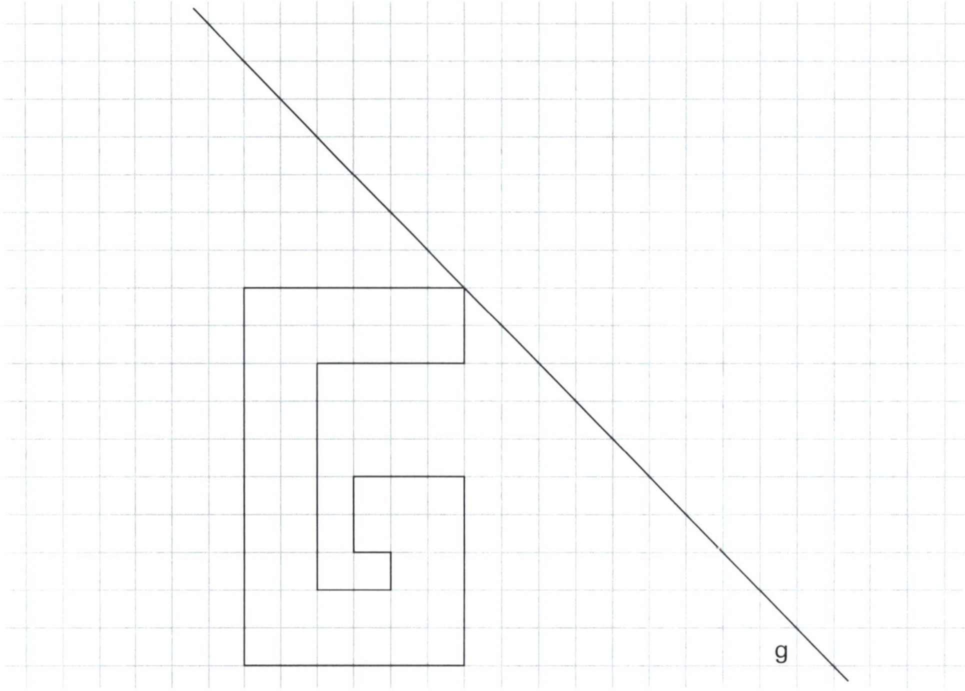

b) an Z, M und A.

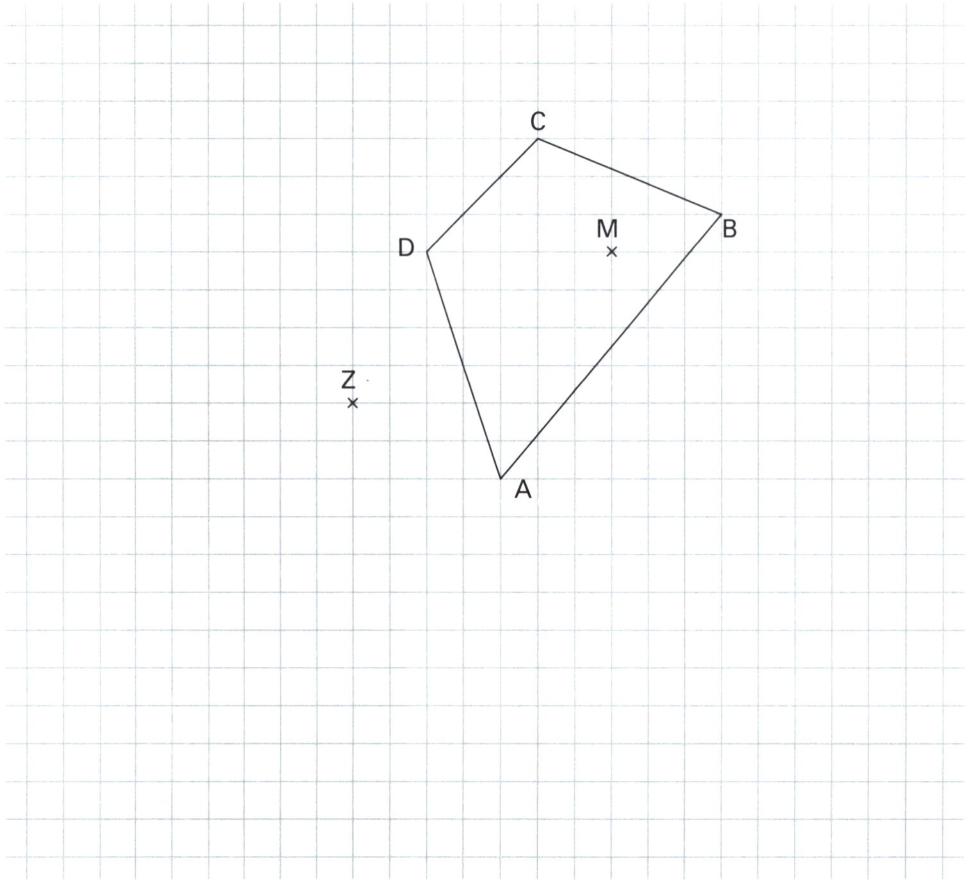

/10

können

3 Die beiden oberen Punktepaare P und P′ beschreiben eine Verschiebung im Koordinatensystem.
Gib an, ob du nach rechts (r), links (l), oben (o) oder unten (u) gehen musst und um wie viele Gitterschritte. Bestimme dann den Bildpunkt A und den Urpunkt B.

P	(0|0)	(3|−1)	(−5|−7)
P′	(−2|2)	(0|0)	(−2|−5)
r|l			
o|u			
A	(−22|3)	(5|12)	(2|22)
A′			
B			
B′	(−22|3)	(5|12)	(2|22)

Zeichne, wenn du möchtest, zur Sicherheit die Verschiebungspfeile.

/6

4 Welches Drehmaß hat die Umstellung des Stundenzeigers einer Uhr, wenn wir nach Portugal (−1 h im Vergleich zu Deutschland), bzw. nach Los Angeles (−9 h) fliegen?

/2

5 Gegeben ist die Verschiebung V durch $P(3|-2) \rightarrow P'(-2|1)$ und die Drehung D durch $Z(1|1)$ und $\alpha = 100°$. Bilde den Punkt $F(4|-1)$ über $D \circ V$ und über $V \circ D$ ab. Was fällt dir auf?

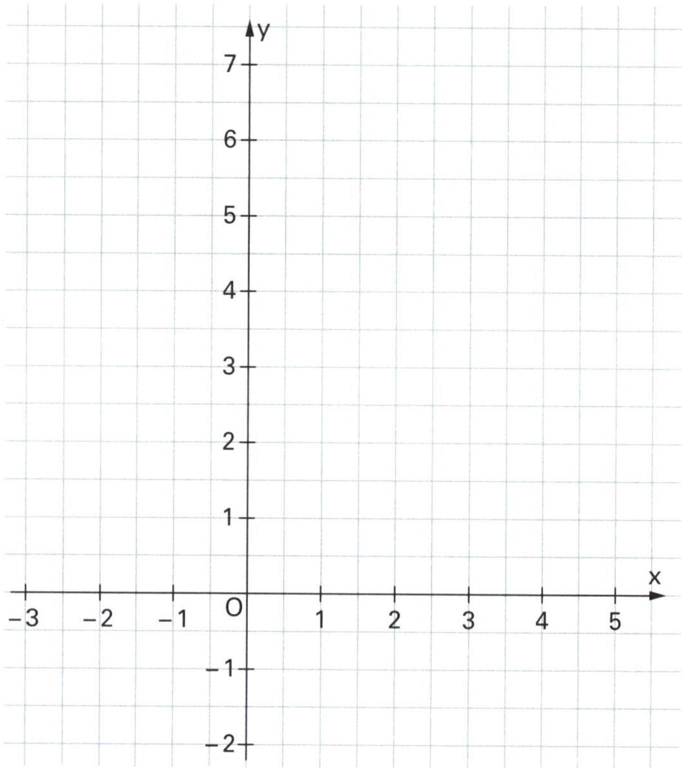

/3

6 Ordne den Figuren die richtigen Symmetrieeigenschaften zu.

Kreis	1) ◇	◇ a)	2 Spiegelachsen, 1 Drehzentrum ($\alpha = 180°$), 1 Spiegelzentrum
Parallelogramm	2) ◇	◇ b)	beliebig viele Spiegelachsen, 1 Drehzentrum mit beliebigem Drehsinn, 1 Spiegelzentrum
gleichschenkliges Trapez	2) ◇	◇ c)	6 Spiegelachsen, 1 Drehzentrum ($\alpha = 60°$), 1 Spiegelzentrum
Raute	3) ◇	◇ d	1 Drehzentrum ($\alpha = 180°$), 1 Spiegelzentrum
regelmäßiges Sechseck	4) ◇	◇ e)	1 Spiegelachse

/5

erreichte Punktzahl

/ 35

6 Flächen und Umfang

Nicht nur für viele Berufe (Vermessungstechniker, Architekt, Maler, Landwirt ...) auch bei zahlreichen Tätigkeiten im Haushalt (Gartenarbeit, Streichen eines Zimmers, Fliesen eines Bades ...) ist es wichtig, den Umfang und den Flächeninhalt von ebenen Figuren berechnen zu können.

Umfang von ebenen Figuren

Man erhält den **Umfang u** (manchmal auch U) einer Figur, wenn man die Längen aller Teilstrecken addiert, die man bei einem vollständigen Umlauf um die Figur durchläuft.

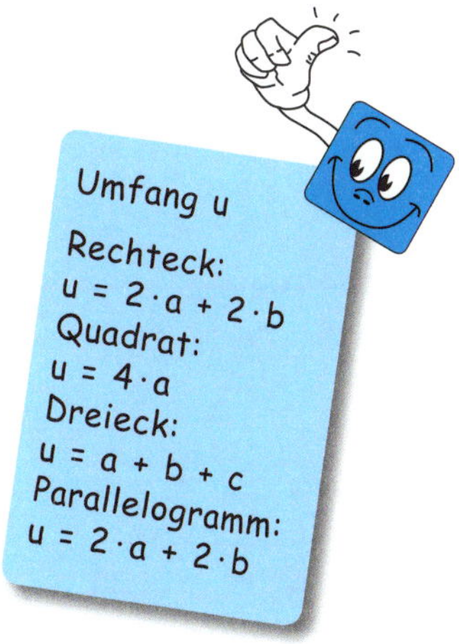

Rechteck

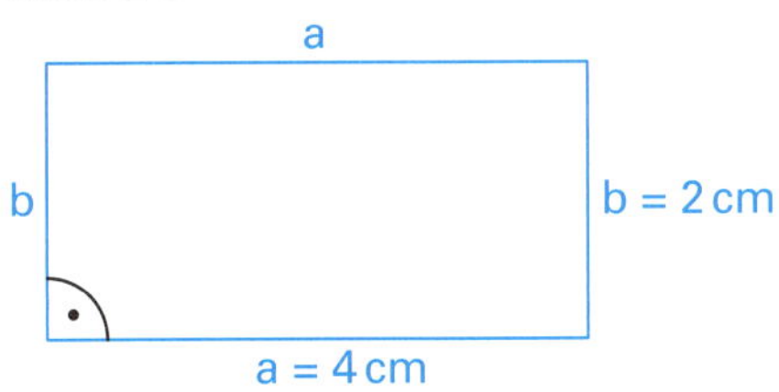

u = 2 · a + 2 · b
u = 2 · 4 cm + 2 · 2 cm = 12 cm

Quadrat

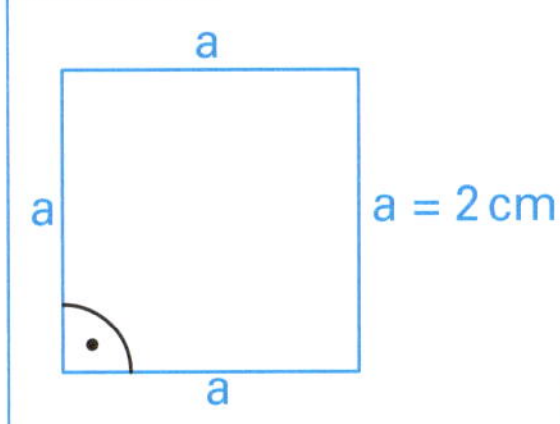

u = 4 · a
u = 4 · 2 cm = 8 cm

Dreieck

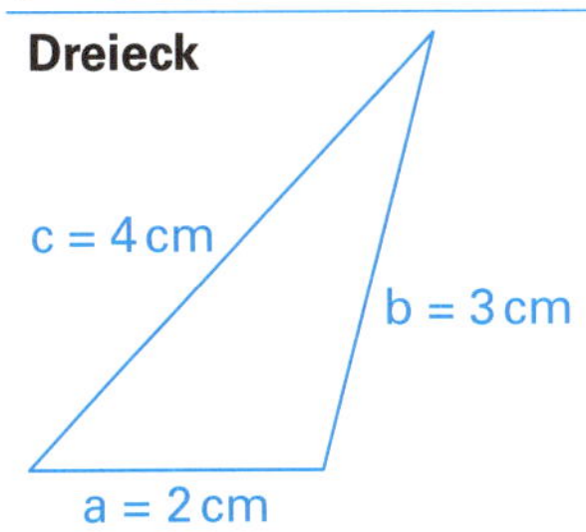

u = a + b + c
u = 2 cm + 3 cm + 4 cm = 9 cm

Parallelogramm

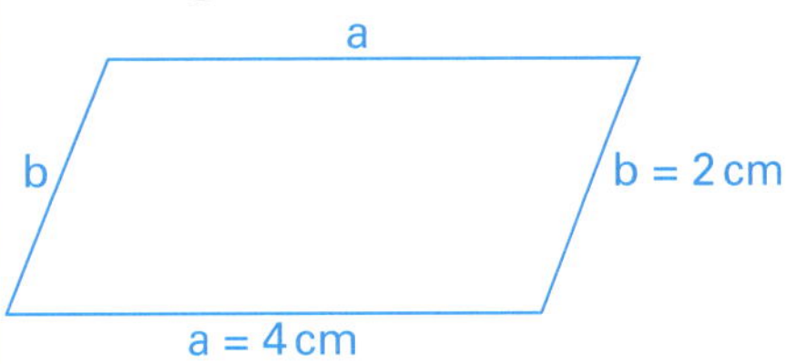

u = 2 · a + 2 · b
u = 2 · 2 cm + 2 · 4 cm = 12 cm

Trapez

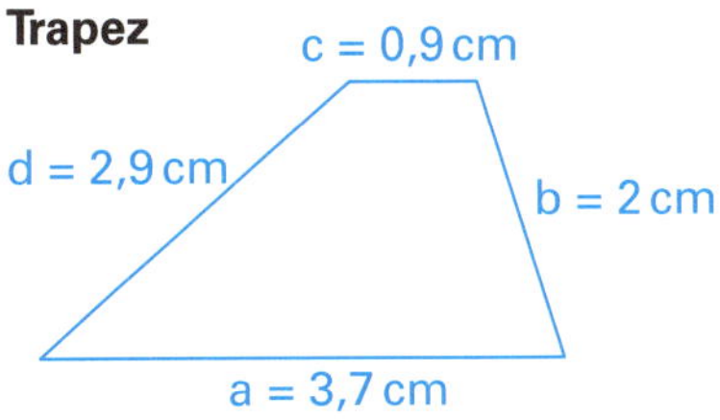

u = a + b + c + d
u = 3,7 cm + 2 cm + 0,9 cm + 2,9 cm = 9,5 cm

Drachen

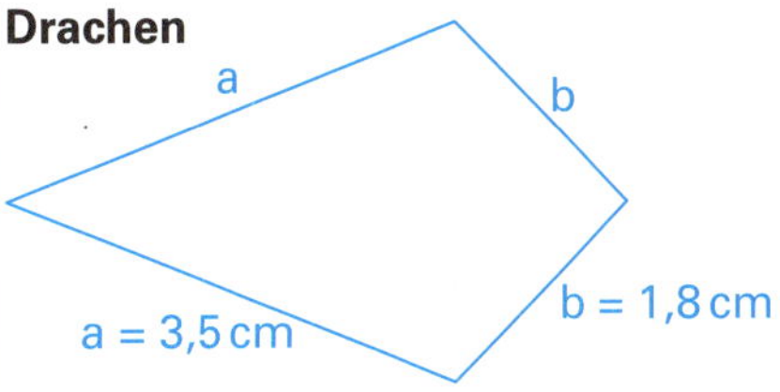

u = 2 · a + 2 · b
u = 2 · 3,5 cm + 2 · 1,8 cm = 10,6 cm

Gleichschenkliges Trapez

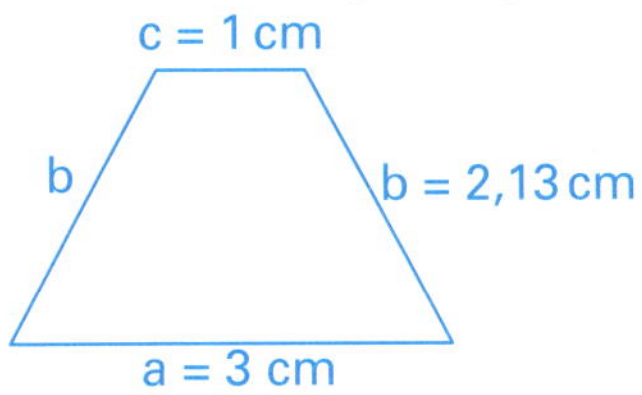

u = a + 2 · b + c
u = 3 cm + 2 · 2,13 cm + 1 cm = 8,26 cm

Raute

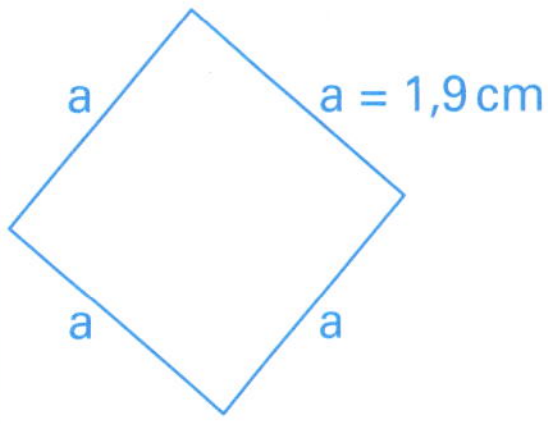

u = 4 · a
u = 4 · 1,9 cm = 7,6 cm

Flächeninhalte von ebenen Figuren

Flächeninhalt A
Rechteck: $A = a \cdot b$
Quadrat: $A = a \cdot a = a^2$
Dreieck: $A = \frac{1}{2} \cdot g \cdot h$
Parallelogramm: $A = g \cdot h$

Man berechnet den **Flächeninhalt A** einer Figur mithilfe der passenden Formel:

Rechteck

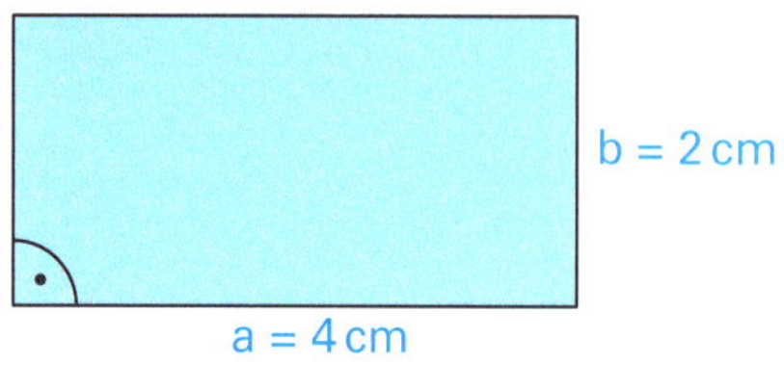

$A = a \cdot b$

$A = 4\,cm \cdot 2\,cm = 8\,cm^2$

Quadrat

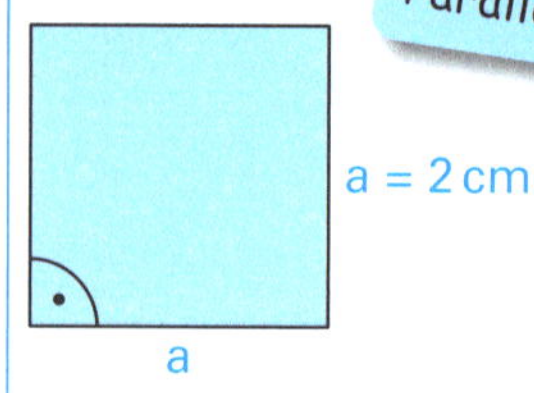

$A = a \cdot a = a^2$

$A = 2\,cm \cdot 2\,cm = 4\,cm^2$

Dreieck

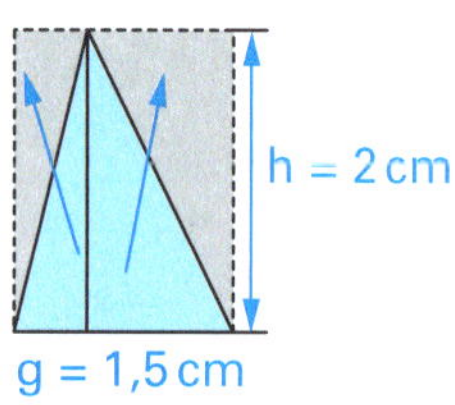

$A = \frac{1}{2} \cdot g \cdot h$

$A = 0{,}5 \cdot 1{,}5\,cm \cdot 2\,cm = 1{,}5\,cm^2$

Parallelogramm

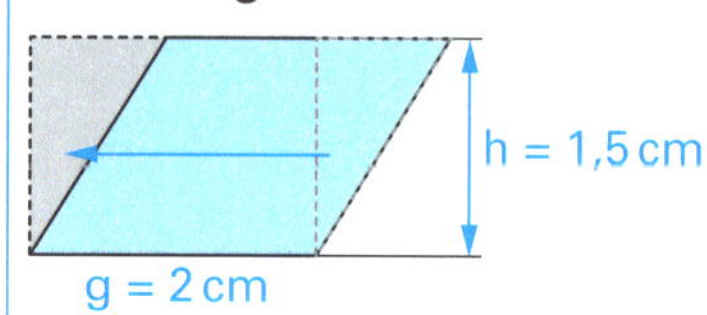

$A = g \cdot h$

$A = 2\,cm \cdot 1{,}5\,cm = 3\,cm^2$

Trapez

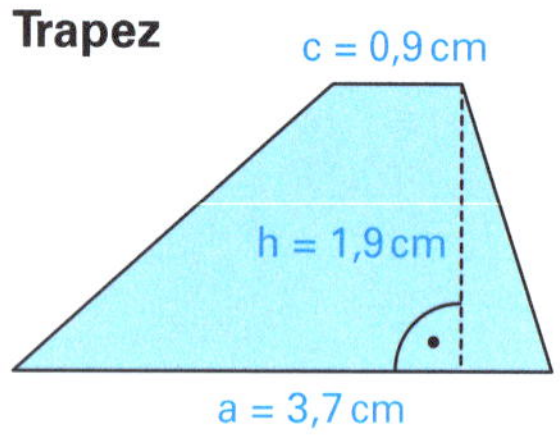

$a \parallel c$

$A = \frac{a + c}{2} \cdot h$

$A = \frac{3{,}7\,cm + 0{,}9\,cm}{2} \cdot 1{,}9\,cm = 4{,}37\,cm^2$

Drachen und Raute

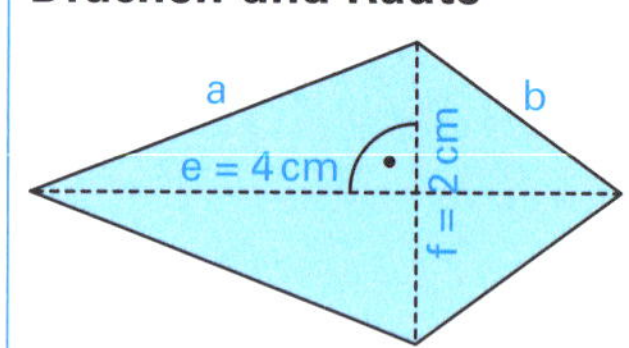

$A = \frac{e \cdot f}{2}$

$A = \frac{4\,cm \cdot 2\,cm}{2} = 4\,cm^2$

Hinweis: Die Raute ist ein Drachen mit vier gleich langen Seiten!

Die Höhe eines Dreiecks, eines Parallelogramms oder Trapezes bestimmt man, indem man das Geodreieck rechtwinklig zur Grundseite anlegt und dann die Entfernung zur gegenüberliegenden Ecke (Dreieck), bzw. Seite (Trapez und Parallelogramm) misst.

Bei stumpfwinkligen Dreiecken muss man die Grundseite verlängern und die Höhe außerhalb messen.

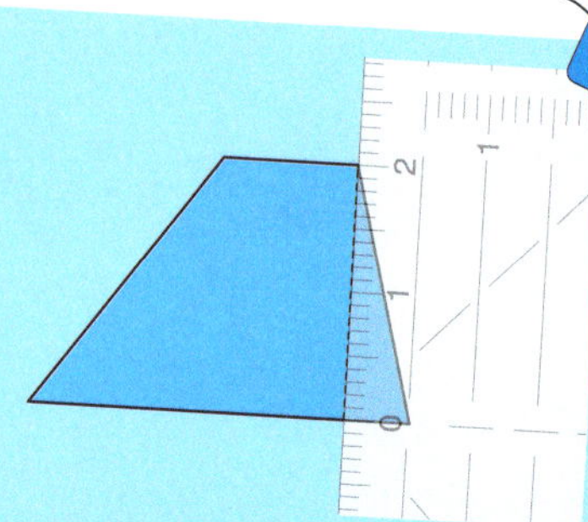

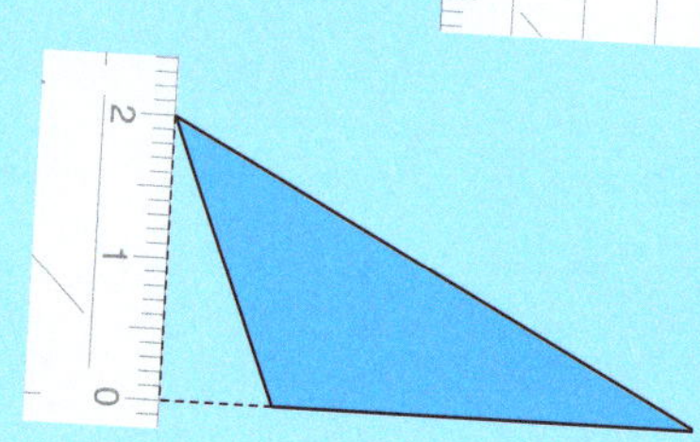

Umfang und Flächeninhalt eines Kreises

Umfang u und Flächeninhalt A eines Kreises werden mithilfe der **Kreiszahl π (pi)** und des Kreisradius r berechnet. $\pi = 3{,}141\,592\,654\ldots$ (Taschenrechner) ist keine rationale Zahl und kann daher nicht exakt angegeben werden.
Bei Rechnungen genügt der Näherungswert $\pi \approx 3{,}14$.

> Kreisberechnungen:
> Flächeninhalt $A = \pi \cdot r^2$
> Umfang $u = 2 \cdot \pi \cdot r$

Beispiel 1:

Umfang

$u = 2 \cdot \pi \cdot r$
$= 2 \cdot \pi \cdot 4\,cm$
$\approx 2 \cdot 3{,}14 \cdot 4\,cm$
$= 25{,}12\,cm$

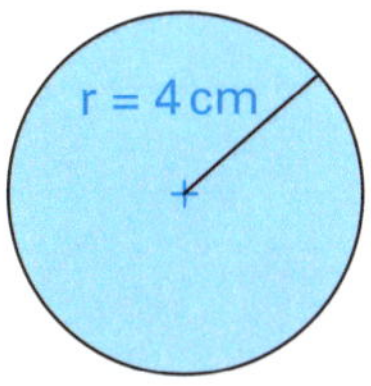

Flächeninhalt

$A = \pi \cdot r^2$
$= \pi \cdot (4\,cm)^2$
$\approx 3{,}14 \cdot (4\,cm)^2$
$= 50{,}24\,cm$

Umfang und Flächeninhalt von Vielecken

> Regelmäßige Vielecke können in gleichschenklige, gleich große Teildreiecke zerlegt werden. Dabei gibt es genau so viele Dreiecke wie das Vieleck Ecken hat.

Bei Vielecken macht es einen großen Unterschied, ob es sich um sogenannte **regelmäßige Vielecke** (z. B. regelmäßiges Fünfeck, regelmäßiges Sechseck) oder **unregelmäßige Vielecke** handelt.

Regelmäßiges Vieleck
Umfang: $u = n \cdot a$ (n = Anzahl der Ecken)
Flächeninhalt: A = Flächeninhalt eines Dreiecks · n
Beispiel 2: $u = 5 \cdot 2{,}35\,cm = 11{,}75\,cm$
$A = \left(\frac{1}{2} \cdot 2{,}35\,cm \cdot 1{,}6\,cm\right) \cdot 5 = 1{,}88\,cm^2 \cdot 5 = 9{,}4\,cm^2$

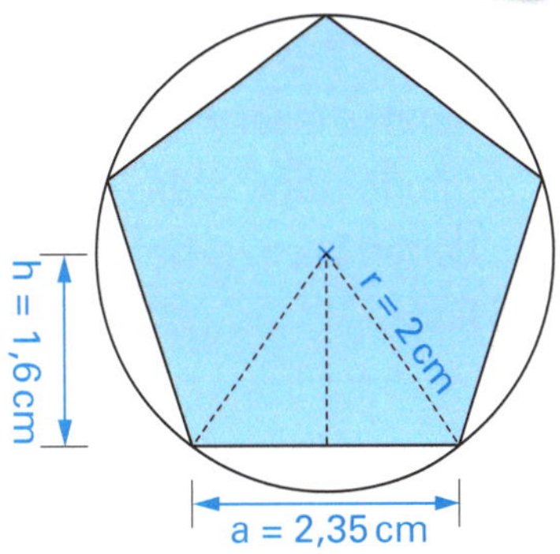

Unregelmäßiges Viereck
Umfang: $u = a + b + c + \ldots$ (Summe aller Seitenlängen)
Flächeninhalt: Um die Fläche berechnen zu können, unterteilt man das Vieleck in Teilflächen mit bekannter Figur (Dreiecke, Rechtecke und Trapeze) und rechnet die einzelnen Teilflächen aus. Anschließend addiert man sie. Es gilt also:
$A_{gesamt} = A_1 + A_2 + A_3 + \ldots$
Beispiel 3: $u = 4{,}5\,cm + 3{,}2\,cm + 4{,}1\,cm + 2{,}9\,cm = 14{,}7\,cm$
$A_1 = \frac{1}{2} \cdot 6{,}8\,cm \cdot 1{,}7\,cm = 5{,}78\,cm^2$
$A_2 = \frac{1}{2} \cdot 6{,}8\,cm \cdot 0{,}7\,cm = 2{,}38\,cm^2$
$A_{ges} = 5{,}78\,cm^2 + 2{,}38\,cm^2 = 8{,}16\,cm^2$

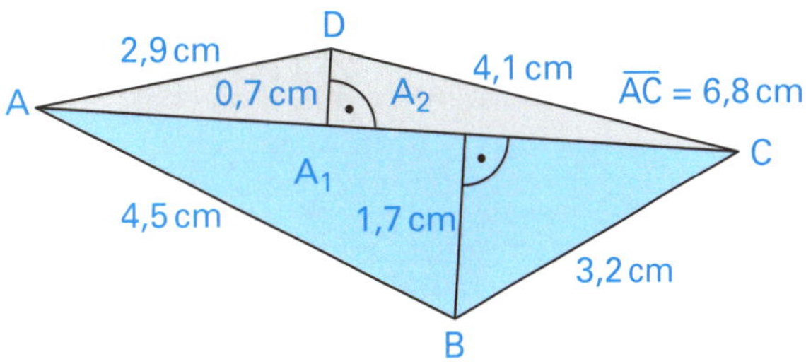

üben

Test 1: Dreiecke und Vierecke

1 Berechne die Umfänge und Flächeninhalte der Figuren.

a) 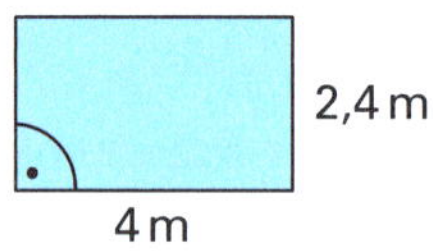

b) 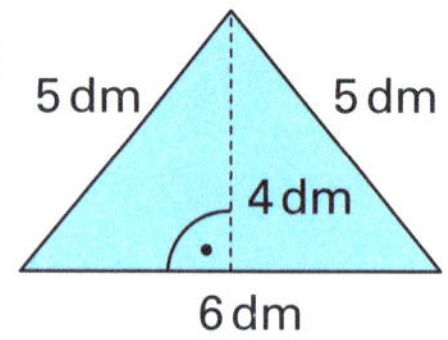

c) 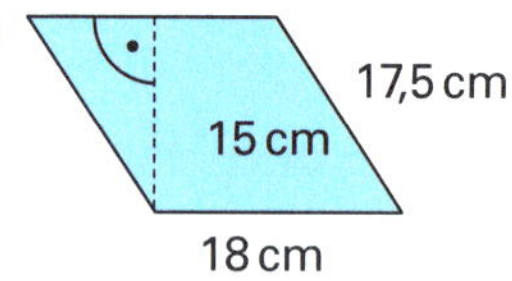

2 Zeichne die Höhen h_a, h_b und h_c in das Dreieck ein und berechne den Flächeninhalt A des abgebildeten Dreiecks aus jeder der drei Seiten und ihrer zugehörenden Höhe und vergleiche.
Die Höhe h_a steht senkrecht auf der Seite a, h_b steht senkrecht auf b, h_c senkrecht auf c.
Was folgerst du aus den Ergebnissen?

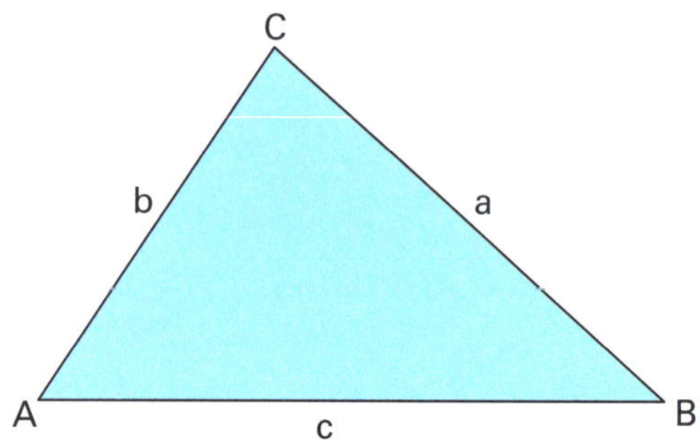

3 Zeige, dass sich der Flächeninhalt dieser Figur auf mindestens drei verschiedenen Wegen berechnen lässt.

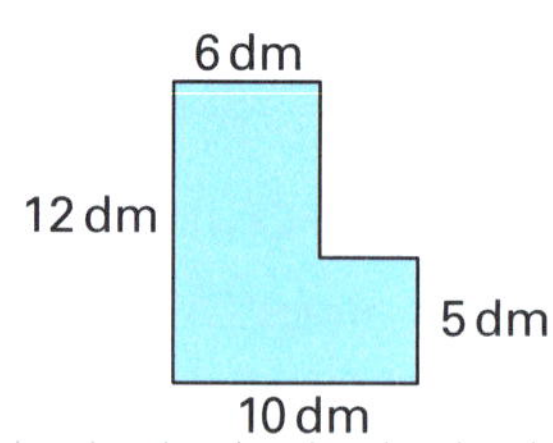

4 Berechne die Querschnittsfläche des abgebildeten Deiches.

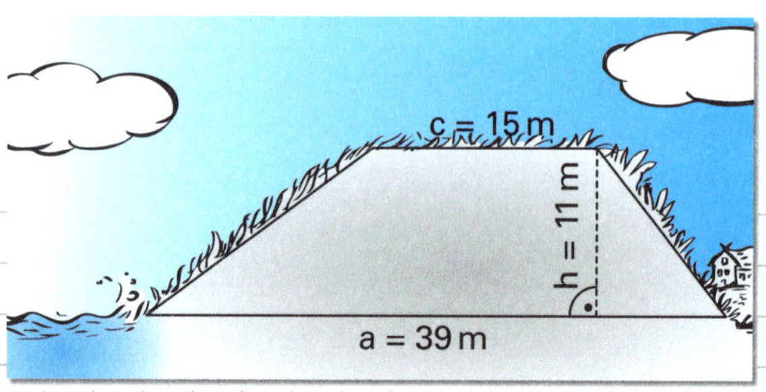

Test 2: Kreise und Vielecke

1 Berechne in jeder Zeile die beiden fehlenden Größen.

	r	u	A
Kreis 1	12 cm		
Kreis 2		62,8 dm	
Kreis 3			28,26 m^2

2 Berechne Umfang und Flächeninhalt der Figuren.

a)

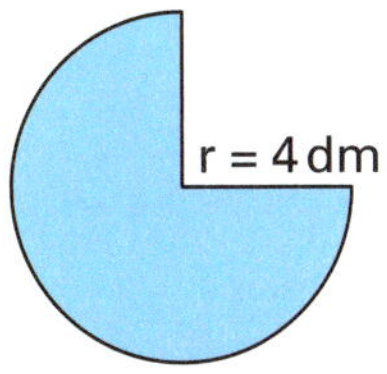

b)

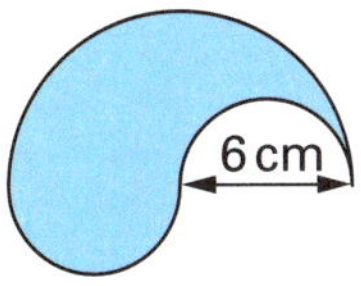

c)

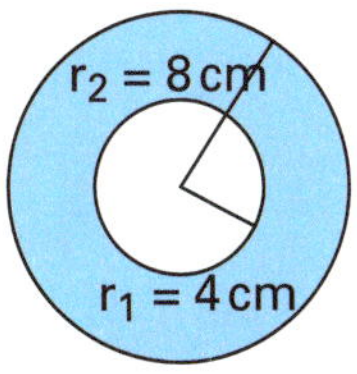

3 Eine Regenrinne mit rechteckigem Querschnitt muss erneuert werden. Die neue Rinne soll ein halbkreisförmiges Profil mit derselben Querschnittsfläche haben.
Wie groß muss der Radius r sein?

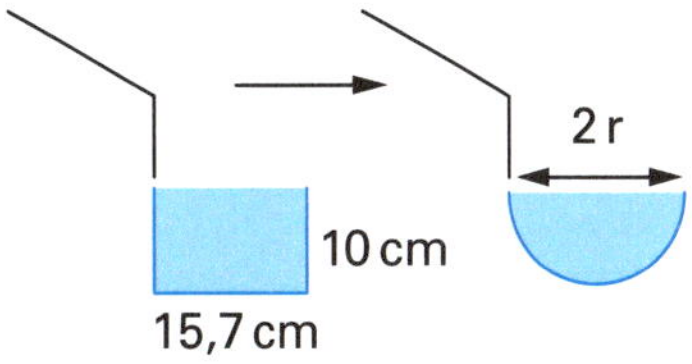

4 Berechne den Umfang und den Flächeninhalt der abgebildeten Figur.

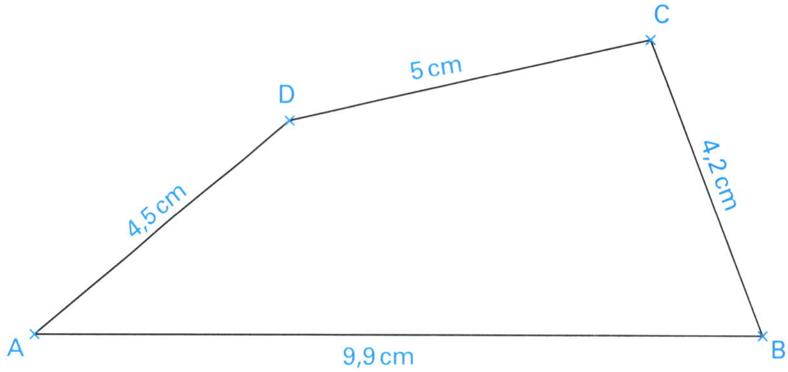

5 Zeichne das Fünfeck ABCDE mit A(1|1,5), B(6,5|1), C(9|4,5), D(3|9) und E(3|4,5) und berechne den Flächeninhalt.

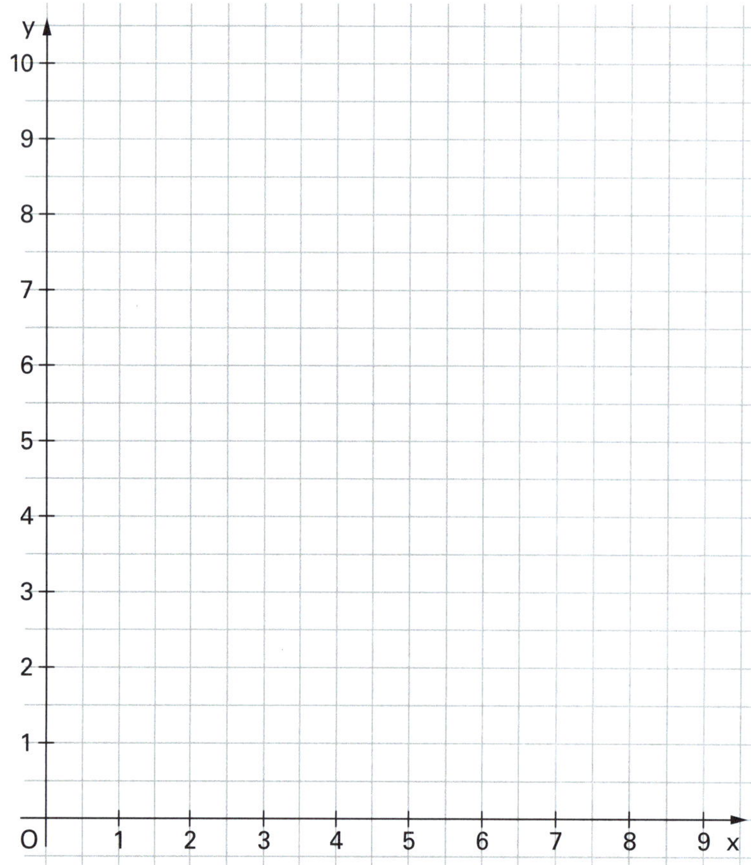

Test 3: Verschiedene Figuren

1 a) Wandle das Quadrat in zwei Quadrate mit jeweils halbem Flächeninhalt um, indem du jede der Einheitsflächen geeignet teilst und einige Teile neu anordnest.

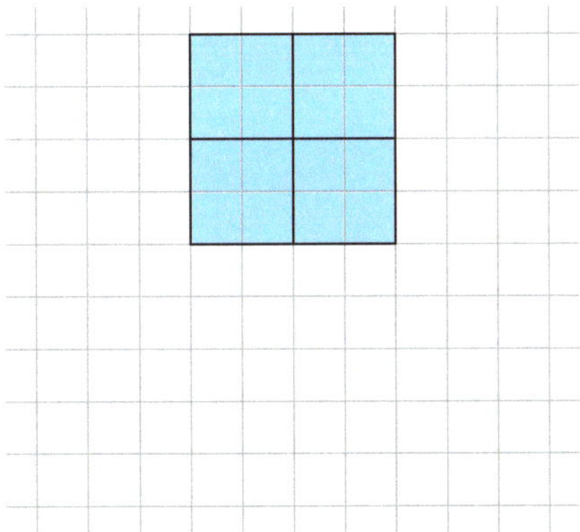

b) Wandle das Rechteck in ein flächengleiches Dreieck um, indem du zwei der Einheitsflächen geeignet teilst und einige Teile neu anordnest.

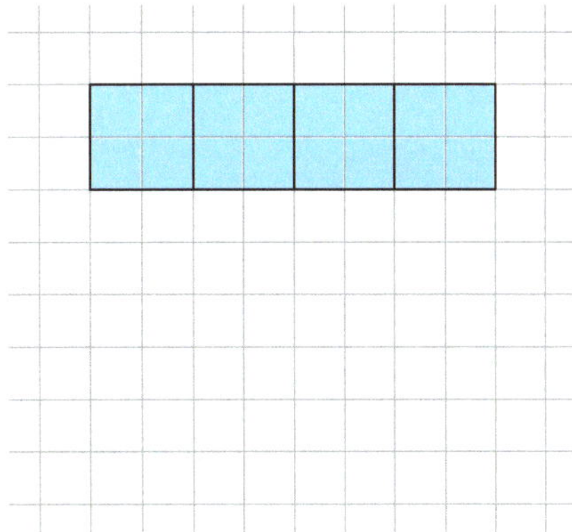

2 Bestimme die Umfänge der Figuren für $a = 4\,\text{cm}$ und $b = 3\,\text{cm}$.

a)

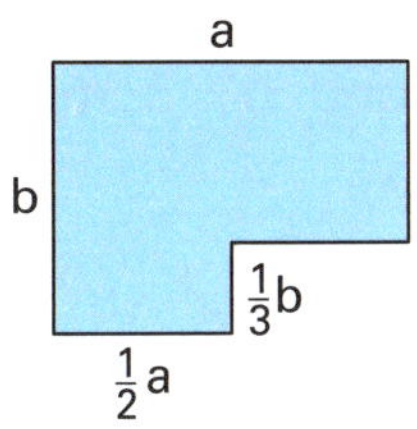

b)

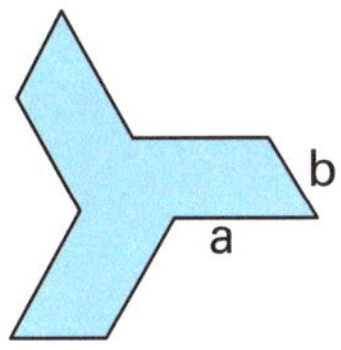

c)

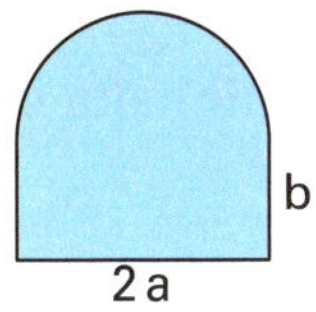

d)

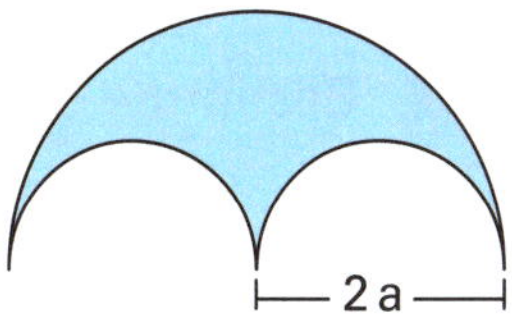

3 Die Diagonale e einer Raute hat eine Länge von 13 cm.
Der Flächeninhalt der Raute beträgt $58{,}5\,\text{cm}^2$. Wie lang ist die Diagonale f?

Test 4: Aufgaben für Experten

1 Der Umfang einer Figur beträgt $u = 50\,\text{cm}$. Bestimme

a) die zweite Seite b, wenn die Figur ein Rechteck mit $a = 15\,\text{cm}$ ist.

b) die dritte Seite c, wenn die Figur ein Dreieck mit $a = b = 18\,\text{cm}$ ist.

c) den Radius r, wenn die Figur ein Kreis ist.

2 Ein Rechteck, dessen eine Seite dreimal so lang ist wie die andere, hat einen Umfang von 40 dm. Berechne die Länge der beiden Seiten.

3 Bestimme die Flächeninhalte der Figuren für $a = 4\,\text{cm}$ und $b = 3\,\text{cm}$.

a) 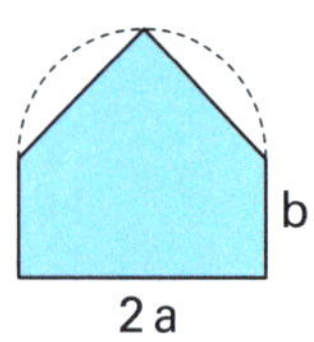

b) 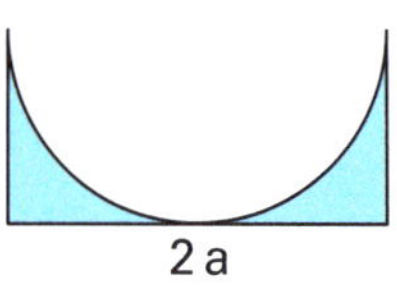

c) 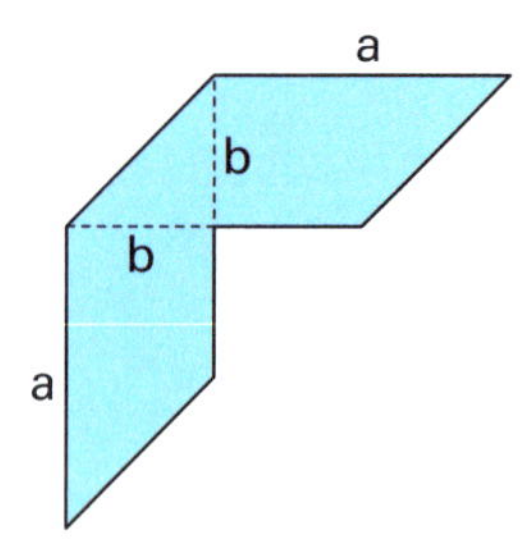

4 a) Auf 80 Drehungen des grauen Antriebsrades kommen 25 Drehungen des blauen Arbeitsrades. Bestimme r_2.

b) Nach langer Betriebszeit haben die Radien beider Räder durch Abnutzung um jeweils 2 mm abgenommen. Dreht sich das Arbeitsrad jetzt schneller oder langsamer?

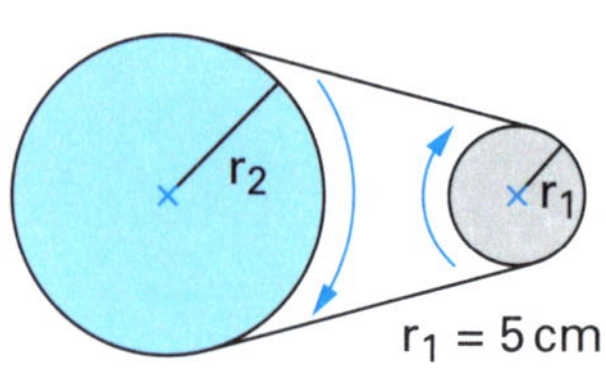

Klassenarbeit Nr. 6

60 min

können

1 Berechne den Umfang und den Flächeninhalt der abgebildeten Figuren.

a)

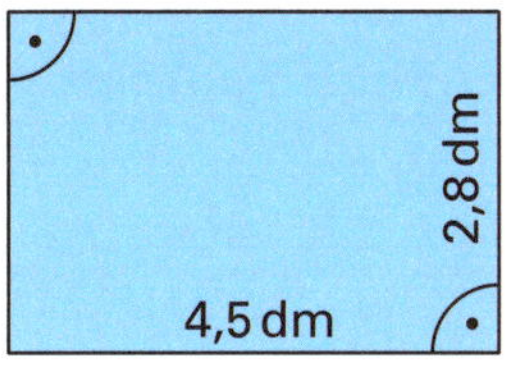

b)

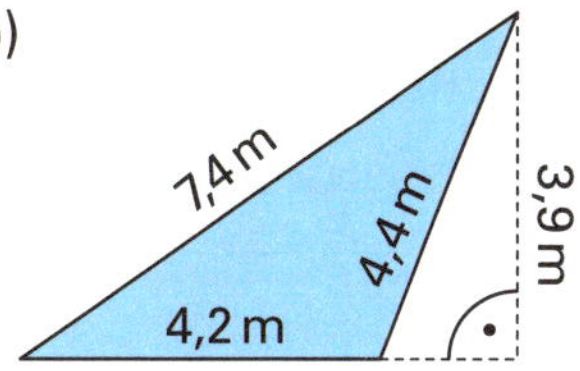

c)

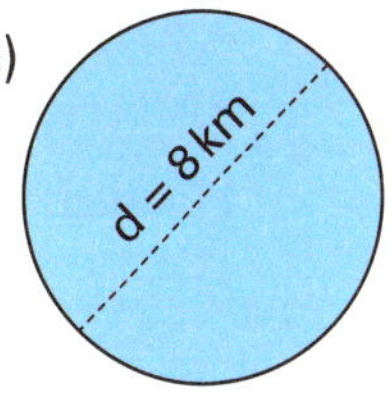

/6

2 Berechne den Flächeninhalt.

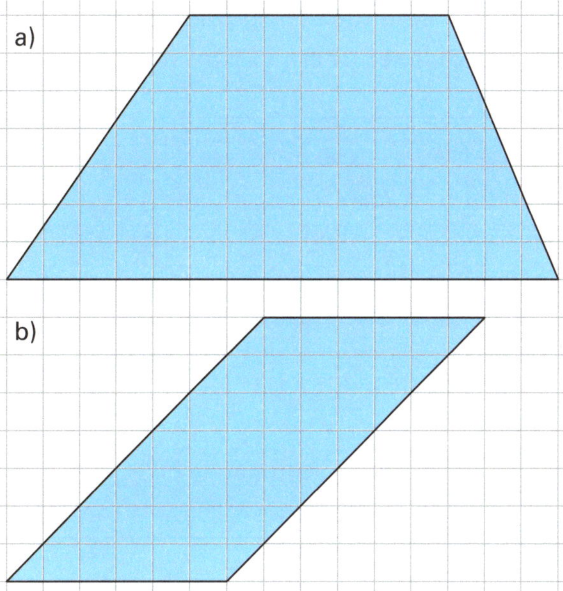

/2

3 Berechne Flächeninhalt und Umfang der eingefärbten Fläche.

a)

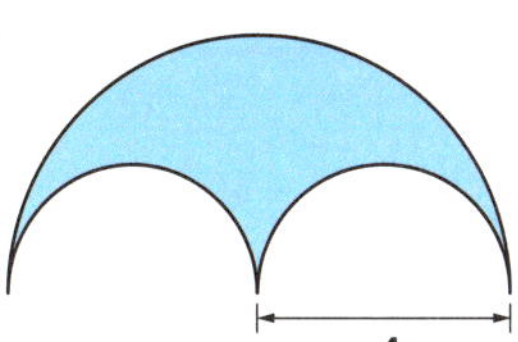

r = 4 cm

b)

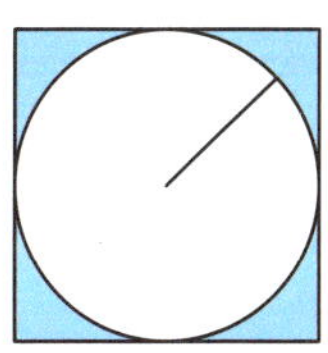

r = 5 cm

c)

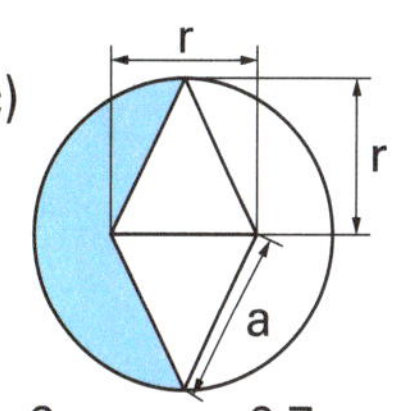

r = 6 cm a = 6,7 cm

/6

können

4 Jonathan behauptet: „Wenn ich bei einem Kreis den Radius halbiere, dann erhalte ich nur noch ein Viertel der ursprünglichen Fläche." Maria erwidert: „Quatsch, wenn du den Radius halbierst, dann halbiert sich natürlich auch die Fläche!" Wer hat Recht? Begründe durch eine Rechnung.

/2

5 Familie Fischer möchte das Bad und die Küche ihrer Wohnung neu fliesen.

a) Wie viel kostet es, wenn die Fliesen fürs Bad 22,50 €/m² und die für die Küche 27,80 €/m² kosten? Das Verlegen übernehmen Fischers selbst.

b) Wie viele Pakete Fliesen müssen sie kaufen, wenn in jeder Packung 20 Fliesen sind? Beide Fliesentypen sind rechteckig und haben eine Abmessung von 17 cm × 17 cm (Bad), bzw. 17 cm × 23 cm (Küche).

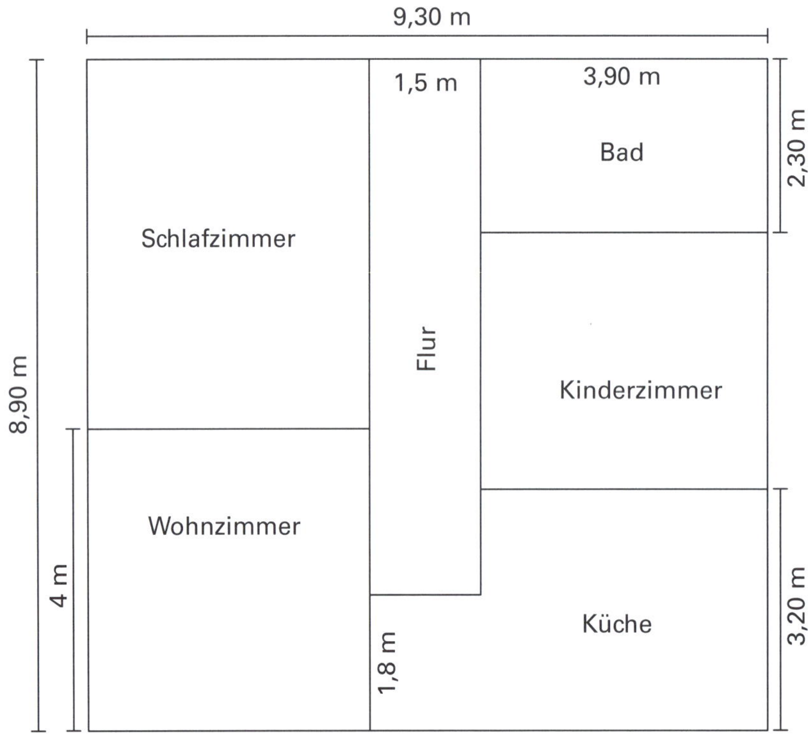

/8

6 Bauer Peters hat eine neue Wiese gekauft und möchte sie für seine Rinder einzäunen.

a) Wie viel Meter Draht benötigt er, wenn er zur Sicherheit an seinem Zaun zwei Drähte übereinander spannen möchte?

b) Wie teuer war die Wiese, wenn er für einen Quadratmeter 2,50 € bezahlt hat? Miss die fehlenden Größen in der Zeichnung nach. 1 cm entspricht 10 m.

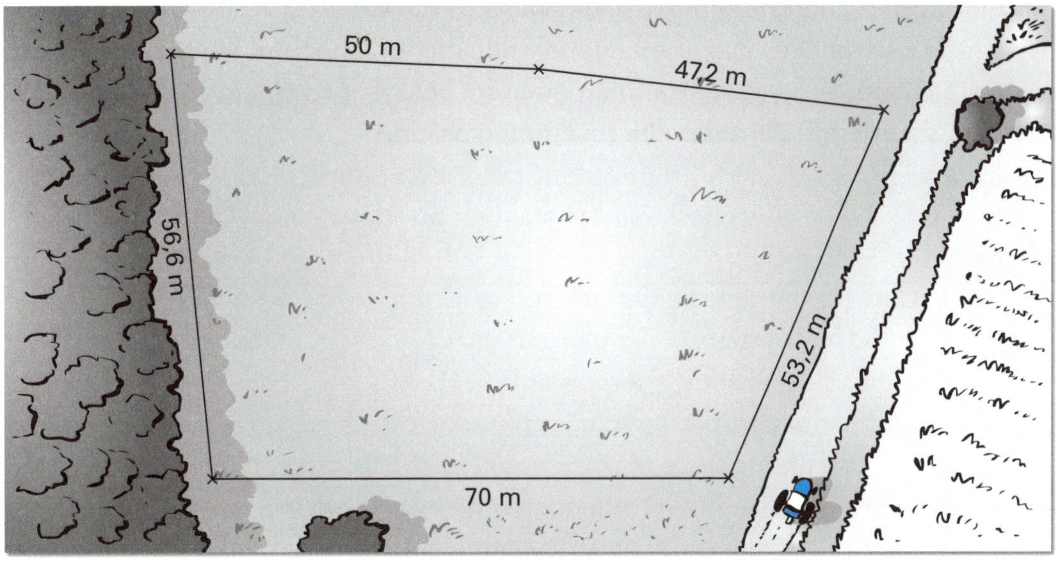

/6

erreichte Punktzahl

/ 30

7 Zuordnungen und Proportionalität

Zuordnungen und geordnete Zahlenpaare

Oft hängt eine Größe von einer anderen Größe ab, z. B. der Umfang eines Rechtecks von der Länge seiner Seiten. Eine solche Abhängigkeit nennt man eine **Zuordnung $x \mapsto y$** (der Größe x wird die Größe y **zugeordnet**).
Eine solche Zuordnung beschreibt, wie sich die Größe y in Abhängigkeit von der Größe x verändert. Zusammengehörende Werte von x und y gibt man als **geordnetes Zahlenpaar (x|y)** an. Hat man mehrere solcher geordneter Zahlenpaare, kann man sie in einer **Wertetabelle** zusammenfassen.

Lena interessiert sich für den Verlauf der Außentemperatur.
Sie blickt daher in größeren Zeitabständen auf das Balkon-Thermometer und

notiert in Satzform:	in Kurzform:
– Um 9.00 Uhr beträgt die Temperatur 16 °C.	9.00 Uhr $\mapsto$ 16 °C
– Um 11.00 Uhr beträgt die Temperatur 19 °C.	11.00 Uhr $\mapsto$ 19 °C
– Um 12.30 Uhr beträgt die Temperatur 21 °C.	12.30 Uhr $\mapsto$ 21 °C
Allgemein: Um x Uhr beträgt die Temperatur y °C.	x (Uhr) $\mapsto$ y (°C)

Durch die **Zuordnung $x \mapsto y$** wird beschrieben, wie sich y in Abhängigkeit von x verändert. Sich entsprechende Werte von x und y werden als **geordnetes Zahlenpaar (x|y)** notiert. Mehrere Zahlenpaare werden in einer **Wertetabelle** zusammengefasst.

Du erhältst die folgenden geordneten Zahlenpaare:
(9.00|16); (11.00|19); (12.30|21); ...

Wertetabelle:

x (Uhr)	9.00	11.00	12.30	...
y (°C)	16	19	21	...

Direkte Proportionalität (je mehr desto mehr)

Wenn bei einer Zuordnung $x \mapsto y$ eine Verdopplung, Verdreifachung, ... von x stets zu einer Verdopplung, Verdreifachung, ... von y führt, dann sind die beiden Größen x und y **direkt proportional** (kurz: **proportional**) zueinander.

Beispiel 1: Betrachte folgende Wertetabelle einer Zuordnung.

a)

·3
·2 ·1,5

x	0	2	4	6
y	0	1	2	3

·2 ·1,5
·3

b)

x	0	2	4	6
y	0	1	2	3
$\frac{x}{y}$	–	$\frac{1}{2}$	$\frac{2}{4} = \frac{1}{2}$	$\frac{3}{6} = \frac{1}{2}$

Du erkennst, dass x und y (direkt) proportional zueinander sind, weil du auf die y-Werte immer die selbe Rechenoperation anwenden kannst wie auf die x-Werte. Wenn du die x-Werte durch die y-Werte teilst (b), stellst du fest, dass das Ergebnis immer gleich ist: Proportionale Zuordnungen sind **quotientengleich**.
Die Proportionaliät kannst du also auch daran erkennen, dass die **Konstanz des Quotienten** $\frac{y}{x}$ vorliegt.

verstehen

Dreisatzrechnung bei direkter Proportionalität

Wenn man weiß, dass es sich bei einer Zuordnung um eine direkte Proportionalität handelt, kann man aus einem geordneten Zahlenpaar mit dem Prinzip des **Dreisatzes** jede beliebige andere Zuordnung ausrechnen. Der Dreisatz heißt so, weil es drei Rechenschritte sind, die an folgendem Beispiel erklärt werden sollen:

Beispiel 2: Eine Betriebskantine benötigt täglich 77 kg Kartoffeln, um 220 Personen zu versorgen. Während der Urlaubszeit essen dort jedoch nur 180 Personen. Wie viel Kilogramm Kartoffeln werden dann benötigt?

Die gesuchte Menge wird in drei Schritten (**Dreisatz**) ermittelt:

1. Schritt: Notiere das gegebene Zahlenpaar (220|77) so, dass die gesuchte Größe auf der rechten Seite steht.

2. Schritt: Zurückrechnen auf die Einheit (hier: beide Seiten durch 220 dividieren, um die benötigte Menge für eine Person zu erhalten).

3. Schritt: Hochrechnen auf die gesuchte Größe (mit 180 multiplizieren, um die gesuchte Menge für 180 Personen zu ermitteln).

$$220\text{ P.} \triangleq 77\text{ kg}$$
$$:220 \qquad 1\text{ P.} \triangleq \frac{77\text{ kg}}{220} = 0{,}35\text{ kg} \qquad :220$$
$$\cdot 180 \qquad 180\text{ P.} \triangleq 0{,}35 \cdot 180 = 63\text{ kg} \qquad \cdot 180$$

Manchmal ist es sinnvoll, auf eine andere Einheit als die „1" zurückzurechnen! Jeder gemeinsame Teiler der gegebenen und gesuchten Zahl kommt dafür infrage.

Indirekte Proportionalität (je mehr, desto weniger)

Wenn bei einer Zuordnung $x \mapsto y$ eine Verdopplung, Verdreifachung, ... von x stets zur Hälfte, zum dritten Teil, ... von y führt, dann sind die beiden Größen x und y **indirekt proportional** (auch: **umgekehrt proportional**) zueinander.

Beispiel 3:

a)

(oben: ·3 von 1 nach 3; ·2 von 1 nach 2; ·1,5 von 2 nach 3)

x	1	2	3
y	12	6	4

(unten: :2 von 12 nach 6; :1,5 von 6 nach 4; :3 von 12 nach 4)

b)

x	1	2	3
y	12	6	4
x·y	1·12 = 12	2·6 = 12	3·4 = 12

Du erkennst, dass x und y indirekt proportional zueinander sind, weil du auf die y-Werte immer die umgekehrte Rechenoperation anwenden kannst wie auf die x-Werte. Indirekt proportionale Zuordnungen sind **produktgleich**. Die indirekte Proportionalität kannst du also daran erkennen, dass die **Konstanz des Produktes** $x \cdot y$ vorliegt.

Dreisatzrechnung bei indirekter Proportionalität

Man geht wie bei der Dreisatzrechnung bei direkter Proportionalität vor, nur muss man jetzt auf beiden Seiten der Entsprechungen (≙) *entgegengesetzte* Rechenoperationen ausführen.

Beispiel 4: 8 Pflücker benötigen 15 Tage, um eine Apfelplantage vollständig abzuernten. Wie lange dauert es, wenn 2 zusätzliche Kräfte eingesetzt werden können?
Mache dir zunächst klar, dass es sich um eine Proportionalität nach dem Schema „je mehr desto weniger" handelt:
Je *mehr* Pflücker eingesetzt werden, desto *weniger* Zeit wird benötigt!

$:8$ (8 P. ≙ 15 d) $\cdot 8$
1 P. ≙ 15 d · 8 = 120 d
$\cdot 10$ (10 P. ≙ 120 d : 10 = 12 d) $:10$

1 Pflücker braucht 8-mal so lang,
10 Plücker schaffen es in einem Zehntel der Zeit.

Direkte und indirekte Proportionalität unterscheiden

Bei Textaufgaben zur direkten und indirekten Proportionalität ist es nicht immer leicht, zu erkennen, welche der beiden Proportionalitäten vorliegt. Außerdem gibt es Aufgaben/Formulierungen, die so klingen, als handle es sich um eine der beiden Proportionalitäten, in Wirklichkeit liegt aber weder die eine noch die andere vor. Gehe daher bei Textaufgaben folgendermaßen vor:

1. Prüfe, ob es sich überhaupt um einen „je mehr desto mehr"- bzw. „je mehr desto weniger"-Sachverhalt handelt.
2. Wenn ein solcher Zusammenhang besteht, dann prüfe mithilfe der Zahlenangaben und der Konstanz des Quotienten (des Produktes) ob es sich wirklich um eine direkte (indirekte) Proportionalität handelt.

Beispiel 5: Entscheide, welche Proportionalität vorliegt.

a) Ein Huhn braucht zum Ausbrüten von drei Eiern 21 Tage. Wie lang braucht es für sieben Eier? ⇒ Die Brutdauer ist für jedes Hühnerei gleich, daher dauert es nicht länger, wenn das Huhn mehr Eier ausbrütet. Es liegt also **keine** Proportionalität vor.

b) Ein Supermarkt wirbt mit folgendem Angebot für Cola: „Kauf drei Flaschen, bezahle nur zwei." ⇒ Hier handelt es sich zwar um eine „je mehr desto mehr" Beziehung (je mehr Flaschen du kaufst, desto mehr musst du bezahlen), aber **nicht** um eine direkte Proportionalität, denn drei Flaschen kosten nicht dreimal so viel wie eine.

Grafische Darstellung von Zuordnungen

Man kann Zuordnungen in einem **Achsenkreuz** grafisch darstellen.
Eine solche Darstellung hat den Vorteil, dass man sich einen besseren Überblick verschaffen und außerdem weitere Zuordnungen, bzw. Zahlenpaare ablesen kann.
Ein Achsenkreuz wird durch die waagerechte **x-Achse** und die senkrechte **y-Achse** gebildet. Die beiden Achsen kreuzen sich im **Nullpunkt (0|0)**, auch **Ursprung** genannt. Er wird mit O bezeichnet.
Alle Zahlenpaare einer proportionalen Zuordnung liegen auf einer **Halbgeraden**, die durch den Ursprung geht. Die Zahlenpaare einer indirekten proportionalen Zuordnung liegen auf einer sogenannten **Hyperbel**.

Beispiel 6:

a) Wenn 2 kg Äpfel (Menge x) 1 € (Preis y) kosten, so lässt sich folgende Wertetabelle notieren:

x (kg)	0	2	4	6
y (€)	0	1	2	3

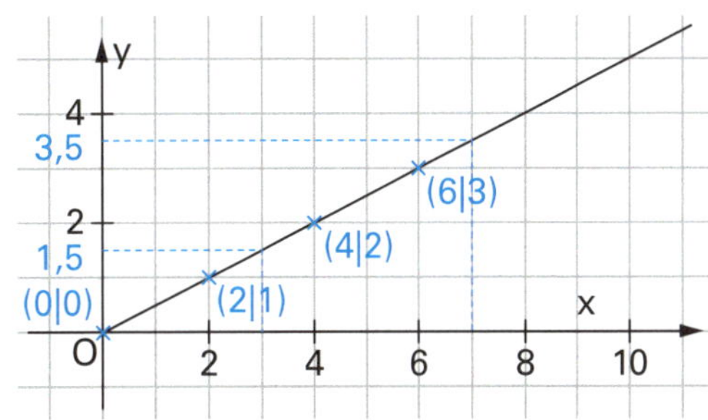

Die **Darstellung im Achsenkreuz** zeigt alle geordneten Zahlenpaare aus der Wertetabelle. Außerdem kann man weitere Zuordnungen bzw. Zahlenpaare ablesen, z. B. (3|1,5) oder (7|3,5).

b) Nochmal das Beispiel mit den Apfelpflückern (siehe Beispiel 5). Es ergibt sich folgende Wertetabelle:

x (Anzahl Pflücker)	1	4	8	10
y (Erntetage)	120	30	15	12

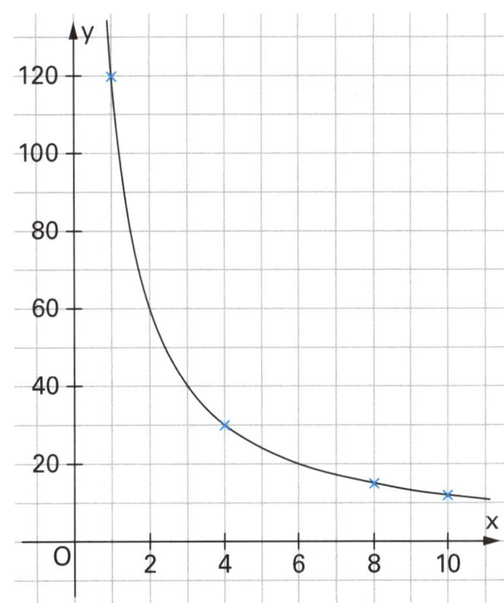

Manchmal ist es erforderlich, die berechneten Werte einer Zuordnung auf ganze Zahlen zu runden, da es z. B. keine 3,5 Menschen oder 6,3 produzierte Autos gibt.
Achte gut darauf, ob es von der berechneten Größe Bruchteile geben kann oder nicht.

üben

Test 1: Zuordnungen und Zahlenpaare

1 Setze ein:

Achsenkreuz ▪ Zuordnung ▪ Wertetabelle ▪ geordnetes Zahlenpaar ▪ x ▪ y ▪ senkrecht ▪ proportional

Die ____________________ $x \mapsto y$ beschreibt, wie sich die Größe y in Abhängigkeit von der Größe ______ verändert. x und y sind direkt ____________________ zueinander. Wenn man x verdreifacht, dann muss sich auch ______ verdreifachen. Die Angabe (3|5) ist ein ____________________. Verschiedene Angaben dieser Art können in einer ____________________ zusammengefasst werden. Die grafische Darstellung einer Zuordnung erfolgt in einem ____________________. Es besteht aus zwei Zahlenstrahlen, die ____________________ zueinander liegen.

2 Das Zahlenpaar (3|8) gehört zu einer direkt proportionalen Zuordnung. Dann gehören auch die folgenden Zahlenpaare dazu.

a) (6| ___)   b) (15| ___)   c) (___ |24)   d) (___ |20)

3 Das Zahlenpaar (10|6) gehört zu einer indirekt proportionalen Zuordnung. Dann gehören auch die folgenden Zahlenpaare dazu.

a) (6| ___)   b) (12| ___)   c) (___ |30)   d) (___ |120)

4 a) Gib die abgebildeten Punkte als geordnete Zahlenpaare an.

A(___ | ___); B(___ | ___); C(___ | ___)

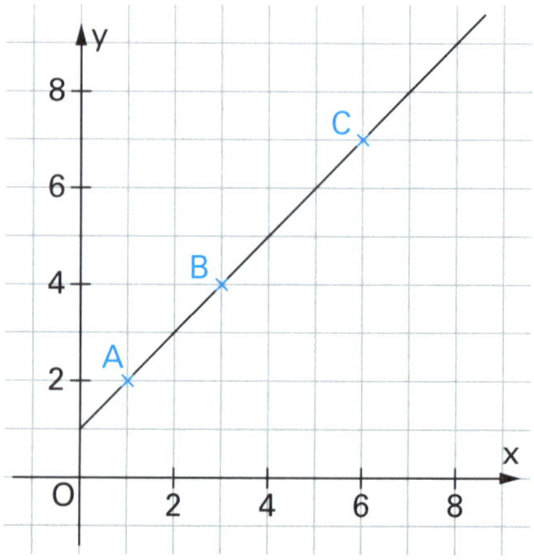

b) Gib zwei weitere Punkte an, die auf der Halbgeraden liegen.

D(___ | ___); E(___ | ___)

c) Zeigt die Abbildung einen proportionalen Zusammenhang?
Begründe deine Antwort.

____

____

Test 2: Proportionalität (1)

1 Kann ein direkt proportionaler Zusammenhang (p) vorliegen, oder nicht (x)?

a) gekaufte Warenmenge und Höhe des Kaufpreises	p ☐ x ☐
b) Seitenlänge und Flächeninhalt eines Quadrates	p ☐ x ☐
c) Anzahl gedruckter Seiten und Farbverbrauch des Druckers	p ☐ x ☐
d) Zähler und Nenner gekürzter Brüche	p ☐ x ☐
e) Anzahl jährlicher Regentage und Anzahl verkaufter Regenschirme	p ☐ x ☐

2 Vervollständige die Dreisatzrechnungen bei direkter Proportionalität:

a)
:4 (4 ≙ 28) :4
1 ≙ 7
·9 (9 ≙ 63) ·9

b)
☐ (☐ ≙ ☐) :7,5
1 ≙ 6
☐ (5,5 ≙ ☐) ☐

c)
☐ (☐ ≙ ☐) :3
☐ ≙ 40
·11 (132 ≙ ☐) ☐

3 Löse durch Dreisatzrechnung.

a) An der Kasse eines Blumengeschäfts hört Mark, dass 12 Rosen 14,40 € kosten. Er will einen Strauß von 18 Rosen kaufen. Was kostet der Strauß?

b) Anke schafft beim Radfahr-Training eine Strecke von 66 km in 2 h 12 min. Hat Sie eine Chance, ihre Vereinskameradin zu schlagen, die das letzte Rennen über 80 km in 2,5 h gewann?

4 Das Zahlenpaar (18 | 7,5) gehört zu einem Paar indirekt proportionaler Größen. Entscheide, welches Zahlenpaar ebenfalls dazu gehört (ip) oder nicht (x).

a) (3 | 45) ☐ b) (22 | 6) ☐ c) (15 | 9) ☐ d) (0,25 | 540) ☐

5 Vervollständige die Dreisatzrechnungen bei indirekter Proportionalität.

a)
:6 (6 ≙ 8) ·6
1 ≙ 48
·16 (16 ≙ 3) :16

b)
:5 (5 ≙ ☐) ☐
☐ ≙ ☐
·25 (☐ ≙ 5) ☐

c)
:18 (☐ ≙ 4) ☐
☐ ≙ ☐
☐ (24 ≙ ☐) :24

üben

Test 3: Proportionalität (2)

1 Gib an, ob bei den folgenden Zuordnungen eine direkte Proportionalität (p), eine indirekte Proportionalität (ip) oder keiner der beiden Zusammenhänge (x) vorliegt:

a)	Die Zimmertemperatur im zeitlichen Verlauf eines Tages.	p ☐ ip ☐ x ☐
b)	Die Anzahl bedruckter Seiten, die im zeitlichen Verlauf von einer Druckmaschine ausgegeben werden.	p ☐ ip ☐ x ☐
c)	Die Zeit, die eine Anzahl gleichartiger Pumpen benötigt, um ein Wasserbecken leer zu pumpen.	p ☐ ip ☐ x ☐

2 Maria organisiert für 8 Personen eine Fahrt in einen Freizeitpark mit einem gemieteten Kleinbus. Nun melden sich noch zwei Personen zusätzlich an.

a) Sie wollte eigentlich für die Hin- und Rückfahrt 20 ℓ Getränke bereitstellen. Wie viel braucht sie jetzt?

b) Ursprünglich hätte jeder Teilnehmer 10,50 € Fahrtkosten zahlen müssen. Wie teuer wird es jetzt für jeden? (Der Kleinbus kostet gleich viel Miete.)

c) Sie wollten eigentlich um 8 Uhr losfahren, um gegen 10 Uhr anzukommen. Müssen sie nun früher oder später losfahren?

3 Monas und Lisas Vater will den 4,8 m langen und 2,5 m breiten Fußboden der Waschküche mit Kunststofffarbe streichen.

a) Mona soll genügend Farbe im Baumarkt kaufen. Auf einer 0,5-ℓ-Farbdose steht, dass der Inhalt für 5 m² ausreicht. Wie viele Dosen muss sie kaufen?

üben

b) Lisa überlegt inzwischen, welche anderen rechteckigen Flächen mit der gleichen Menge Farbe gestrichen werden könnten. Sie trägt dazu verschiedene Fußbodenmaße in ein Achsenkreuz ein. Was fällt auf?

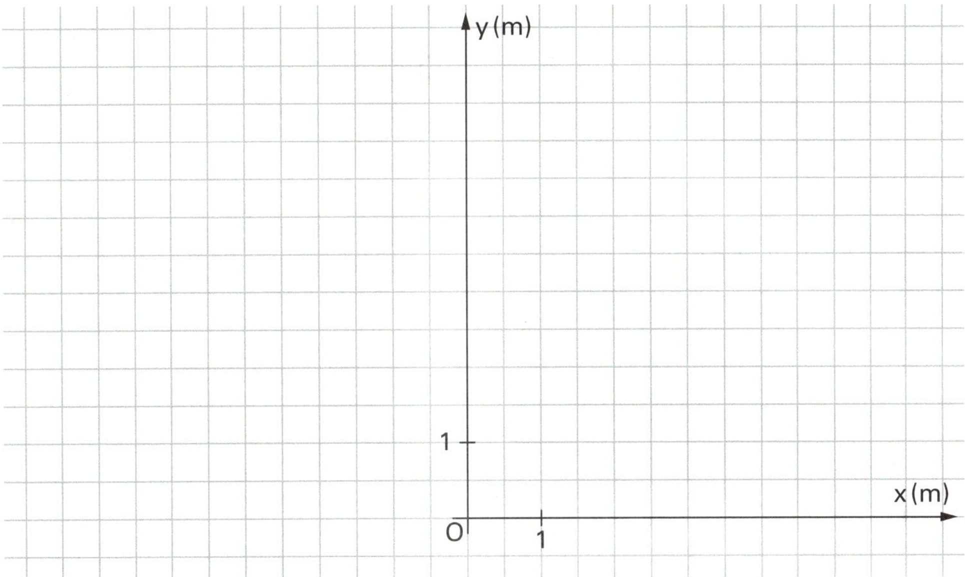

4 Gegeben ist das Zahlenpaar (6|15). Ergänze folgende Zahlenpaare

a) bei direkter Proportionalität.

(2|___); (___|45); (9|___); (___|90); (0,5|___)

b) bei indirekter Proportionalität.

(2|___); (___|45); (9|___); (___|90); (0,5|___)

(2|5)
(6|5)
(18|45)

(2|45)
(9|10)
(30|3)

üben

Test 4: Aufgaben für Experten

1 Aus einem undichten Wasserhahn rinnt alle 2 Minuten 1 Liter Wasser.

a) Stelle diesen Sachverhalt grafisch im Achsenkreuz dar.

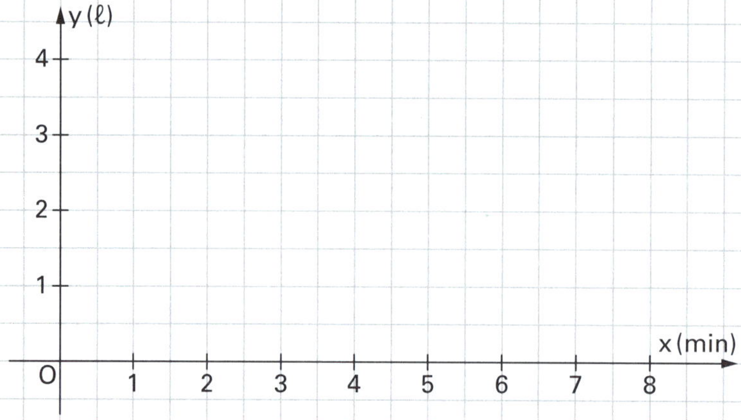

b) Vervollständige in der Wertetabelle die blauen Vorgaben mithilfe der Grafik und die schwarzen Vorgaben durch Rechnung.

x		3	2		4	
y	0,5		1	3		5

c) Unglücklicherweise ist auch noch der Abfluss der Waschbeckens, das 13 ℓ Wasser fassen kann, ziemlich verstopft, sodass nur 0,5 ℓ Wasser in 3 Minuten abfließen können. Wie lange dauert es, bis das Becken überläuft?

2 Löse durch Dreisatzrechnung.

a) 8 Arbeiter heben einen 180 m langen Graben in 15 Tagen aus. Noch vor Beginn der Arbeiten melden sich 2 Arbeiter krank. Wie lange dauert es jetzt?

b) Bei einem Rechteck vom Flächeninhalt 20 m^2 misst die Kante a 2,5 m.
Wie lang muss a werden, wenn man die andere Kante b bei unverändertem Flächeninhalt um 3 m kürzt?

3 Ein Swimmingpool kann aus bis zu 6 gleich starken Zuläufen gefüllt werden. Wenn 3 Zuläufe geöffnet werden, dann dauert der Wassereinlauf 4 Stunden.

a) Vervollständige die Wertetabelle und trage die Werte in das Achsenkreuz ein und verbinde die Punkte.

x (Zul.)	1	2	3	4	6
y (h)					

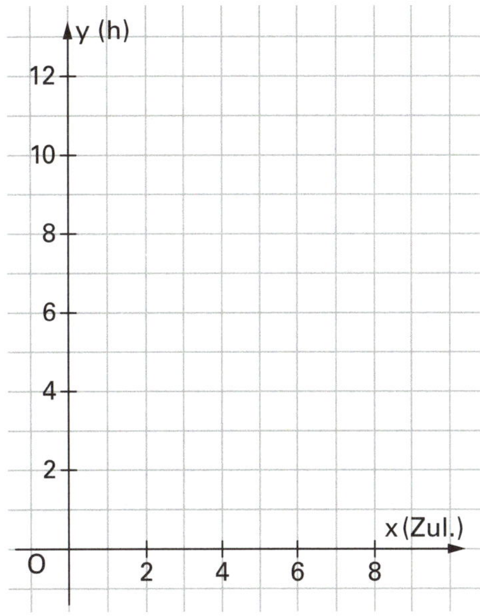

b) Lies aus der Grafik ab, wie lange der Füllvorgang bei 5 Zuläufen etwa dauert. ____________________

c) Der Swimmingpool soll durch 2 Zuläufe gefüllt werden. Nach der Hälfte der erforderlichen Zeit tritt ein Pumpenschaden auf, sodass die restliche Wassermenge von nur noch einem Zulauf geliefert werden kann. Wie lange dauert jetzt der gesamte Füllvorgang? Was sagt die Grafik in diesem Fall aus?

4 Wenn: 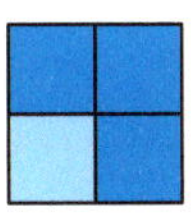 ≙  dann auch: 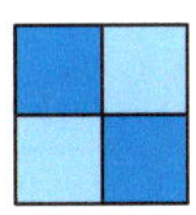 ≙ 

Löse die bildhaft dargestellte Aufgabe für den Fall

a) der direkten Proportionalität.

b) der indirekten Proportionalität.

Klassenarbeit Nr. 7 60 min

können

1 Setze ein:

verdoppeln ▪ halbieren ▪ Wertetabelle ▪ der Quotient $\frac{x}{y}$ ▪ das Produkt $x \cdot y$ ▪ direkte ▪ indirekte ▪ Hyperbel

Der Wert einer Größe x wird verdoppelt. Bei direkter Proportionalität muss sich der Wert von y ____________________. Bei indirekter Proportionalität muss sich der Wert von y ____________________. Die Zahlenpaare zweier Größen x und y werden in einer ____________________ notiert. Bei direkter Proportionalität muss ____________________ konstant sein, bei indirekter Proportionalität prüft man ____________________ auf Konstanz. Bei Darstellungen im Achsenkreuz erkennt man die ____________________ Proportionalität an einer Geraden, die vom Ursprung aus verläuft und die ____________________ Proportionalität an einer Kurve, die ____________________ genannt wird.

/4

2 Das Zahlenpaar (10|8) gehört mit den Zahlenpaaren (5|?), (20|?), (?|2), (?|32) zu einer Zuordnung.
Ergänze die Zahlenpaare so, dass sie zu

a) einer proportionalen (5| ___), (20| ___), (___ |2), (___ |32)

b) indirekt proportionalen Zuordnung gehören. (5| ___), (20| ___), (___ |2), (___ |32)

c) Stelle die Zuordnungen aus a) und b) grafisch dar.

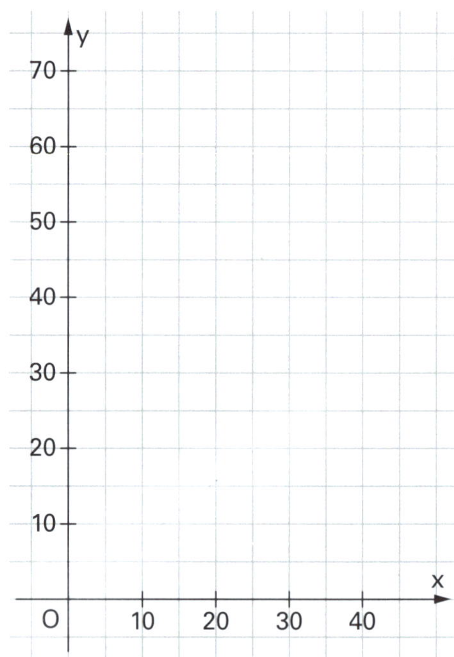

/6

3 Entscheide, ob es sich bei den Zuordnungen um eine proportionale (p), indirekt proportionale (ip) oder keine von beiden (x) handelt.

a) Der Preis für Salamiaufschnitt nach Gewicht.	p ☐ ip ☐ x ☐
b) Die Anzahl Handys pro Schüler einer Klasse.	p ☐ ip ☐ x ☐
c) Die Kosten für einen Reisebus (45 Sitze) pro Schüler.	p ☐ ip ☐ x ☐
d) Der Wert eines Stammbruches in Bezug auf die Größe des Nenners.	p ☐ ip ☐ x ☐
e) Anzahl der gleichschenkligen Dreiecke im Zusammenhang mit der Anzahl Ecken eines regelmäßigen Vielecks.	p ☐ ip ☐ x ☐

/5

können

4 Ergänze die beiden folgenden Wertetabellen jeweils so, dass du sagen kannst: „Die Zuordnung ist

a) ... proportional."

x		6	8		64
y	12		24	36	

b) ... indirekt proportional."

x		6	8		64
y	12		24	36	

/4

5 Herr Gross hat ein Haus geerbt und möchte die Fassade neu streichen.

a) Ein Eimer Farbe mit 15 ℓ reicht für ca. 75 m^2 Fassade.
Wie viel Farbe braucht er für die ganze Fassade (224 m^2)?

b) In 2 Stunden schafft er 25 m^2. Wie lange bräuchte er für die ganze Fassade?

c) Nach $1\frac{1}{2}$ Stunden kommen ihm seine Tochter und sein Schwiegersohn zu Hilfe.
Wie lange brauchen Sie jetzt, wenn beide gleich schnell arbeiten wie er?

/3

können

6 In einem Freizeitpark soll eine Geisterbahn gebaut werden.

a) Die beauftragte Firma will 6 Arbeiter schicken, die bei einem 8-h-Arbeitstag 12 Tage arbeiten müssten. Aufgrund einer Krankheitswelle in der Firma können zwei Arbeiter nicht mitkommen. Der Chef beschließt, dass die verbliebenen Arbeiter 1 h pro Tag Überstunden machen müssen.
Wie lange dauert es, bis die Geisterbahn fertig ist?

b) Nach 4 Tagen beklagen sich die Arbeiter, dass sie zu wenige sind, um die Arbeit sinnvoll erledigen zu können. Daraufhin schickt ihnen der Chef drei zusätzliche Hilfsarbeiter zur Unterstützung und schafft die Überstunden wieder ab. Da die Hilfsarbeiter ungelernt sind, leisten sie nur $\frac{2}{3}$ von dem, was ein Geselle an einem Tag schafft.
Wie lange dauert der Bau nun insgesamt?

/ 8

erreichte Punktzahl

/ 30

8 Prozentrechnung

Relative Anteile und Prozentzahlen

Bestimmt kennst du Angaben wie z. B. „Jetzt 30 % mehr Inhalt" oder „Alles muss raus, Topmarken bis zu 60 % billiger". Bei solchen **Prozentangaben** handelt es sich um nichts anderes als um **relative Anteile**, also **Brüche**. Denn auch ein Bruch gibt an, wie viele Teile (Zähler) vom Ganzen (Nenner) gemeint sind.

In der **Prozentrechnung** verwendet man nur Brüche mit dem Nenner 100, da man einzelne Anteile dann viel besser miteinander vergleichen kann.

Bei $\frac{3}{7}$ und $\frac{4}{9}$ ist nämlich nicht auf den ersten Blick klar, welcher Anteil der größere ist. Wandelt man sie aber um, kann man es sofort sehen $\left(\frac{3}{7} \approx 42{,}9\,\% < \frac{4}{9} \approx 44{,}4\,\%\right)$.

Den Zähler eines solchen Bruches mit dem Nenner 100 nennt man dann **Prozentzahl p**, den gesamten Bruch **Prozentsatz p % =** $\mathbf{\frac{p}{100}}$.

Beispiel 1: Gib den relativen Anteil als Prozentsatz an.

a) $r = \frac{3}{4} = \frac{3 \cdot 25}{4 \cdot 25} = \frac{75}{100} \Rightarrow p\,\% = 75\,\%$ b) $r = \frac{3}{25} = \frac{3 \cdot 4}{25 \cdot 4} = \frac{12}{100} \Rightarrow p\,\% = 12\,\%$

Auch umgekehrt lässt sich ein Prozentsatz als relativer Anteil ausdrücken. Dabei sollte man den Bruch, wenn es geht, kürzen.

Beispiel 2: Gib zum Prozentsatz den relativen Anteil an.

a) $p\,\% = 28\,\% \Rightarrow r = \frac{28}{100} = \frac{28:4}{100:4} = \frac{7}{25}$

b) $p\,\% = 17\,\% \Rightarrow r = \frac{17}{100}$

Beispiel 3: Gib 7,5 % als relativen Anteil an.

$7{,}5\,\% = \frac{7{,}5}{100} = \frac{7{,}5 \cdot 10}{100 \cdot 10} = \frac{75}{1000} = \frac{75:25}{1000:25} = \frac{3}{40}$

Es kommt vor, dass die Prozentzahl eine Dezimalzahl ist. Dann kannst du den Prozentsatz in einen Bruch umwandeln, indem du ihn zunächst als Bruch mit dem Nenner 100 schreibst und anschließend so mit einer 10er-Potenz (10, 100, ...) multiplizierst, dass im Zähler das Komma wegfällt. Danach das Kürzen nicht vergessen!

Brüche, Dezimalbrüche und Prozentsätze

Willst du einen Dezimalbruch in einen Prozentsatz umwandeln, gehst du folgendermaßen vor: Gib an, wie viele Hundertstel der Dezimalbruch beschreibt (mithilfe der Stellenwerttafel, siehe Seite 18, oder indem du das Komma um zwei Stellen nach rechts verschiebst und die Zahl dann als Bruch mit dem Nenner 100 schreibst). Dezimalbrüche mit mehr als drei Dezimalen (Nachkommastellen) solltest du vorher runden.

Beispiel 4: Gib die Zahlen 0,45, 0,057 und $0,\overline{3}$ als Prozentsatz an.

$0{,}45 = \frac{45}{100} \Rightarrow p\,\% = 45\,\%$; $0{,}057 = \frac{5{,}7}{100} \Rightarrow p\,\% = 5{,}7\,\%$;

$0{,}\overline{3} \approx 0{,}333 = \frac{33{,}3}{100} \Rightarrow p\,\% \approx 33{,}3\,\%$

Brüche die du nicht auf den Nenner 100 erweitern kannst, musst du zunächst in einen Dezimalbruch umwandeln (siehe Seite 18 f.) um sie dann als Prozentsatz angeben zu können.

Beispiel 5: Gib an wie viel Prozent der Fläche gefärbt sind.

 $\frac{1}{6} = 0{,}1\overline{6} \approx 0{,}167 \Rightarrow p\,\% \approx 16{,}7\,\%$;  $\frac{2}{7} = 0{,}\overline{285714} \approx 0{,}286 \Rightarrow p\,\% \approx 28{,}6\,\%$

Prozentsätze, Prozent- und Grundwerte bestimmen

Die Gesamtheit nennt man in der Prozentrechnung **Grundwert G** (z. B. den Normalpreis eines T-Shirts) und den entsprechenden prozentualen Anteil **Prozentwert W** (z. B. der verbilligte Preis des T-Shirts im Schlussverkauf).

Wenn zwei der drei Größen Grundwert, Prozentwert und Prozentsatz bekannt sind, kann man mit der Dreisatzmethode immer die dritte, unbekannte Größe berechnen. Dabei gelten folgende Zuordnungen:

$G \mapsto 100\,\%$ (oder $100\,\% \mapsto G$), $p\,\% \mapsto W$.
Für die Dreisatzmethode musst du darauf achten, dass die gesuchte Größe immer rechts steht. Alternativ kannst du die gesuchte Größe auch mit der entsprechenden Formel berechnen.
Der Vorteil der Formeln ist, dass es damit etwas schneller geht; die Dreisatzmethode hat den Vorteil, dass du dir keine Formeln merken musst.

Bei Textaufgaben zur Prozentrechnung musst du gut aufpassen, weil man leicht die einzelnen Größen verwechselt. Lies den Text immer sehr sorgfältig durch und schreib dir auf, was gegeben und was gesucht ist.

Die drei Formeln sind:

$p\,\% = \frac{W}{G}$ $\quad$ $W = \frac{G \cdot p}{100}$ $\quad$ $G = \frac{W \cdot 100}{p}$

Beispiel 6: Wie viel Prozent sind 12 von 30 Stück? Es gilt: $G = 30$; $W = 12$.
Dreisatz-Methode: 30 St. $\triangleq 100\,\%$; 1 S. $\triangleq \frac{100\,\%}{30}$; 12 St. $\triangleq \frac{100\,\%}{30} \cdot 12 = 40\,\% = p\,\%$
Berechnung mit Formel: $p\,\% = \frac{W}{G}$; $p = \frac{12}{30} = \frac{4}{10} = \frac{40}{100} \Rightarrow p\,\% = 40\,\%$

Beispiel 7: Claudia hat schon 45 % der 12 km langen Route zurückgelegt.
$G = 12\,\text{km}$, $p = 45$; $W = \frac{G \cdot p}{100} \Rightarrow W = \frac{12\,\text{km} \cdot 45}{100} = 5{,}4\,\text{km}$

Beispiel 8: Kai hat 63 € beim Kauf eines Fahrrades gespart, das sind 14 %.
$W = 63\,€$, $p = 14$; $G = \frac{W \cdot 100}{p} \Rightarrow G = \frac{63\,€ \cdot 100}{14} = 450\,€$

$$p\% = \frac{W}{G} \qquad W = \frac{G \cdot p}{100} \qquad G = \frac{W \cdot 100}{p}$$

Grafische Darstellung

In Tageszeitungen, dem Fernsehen oder in Geschäftsberichten werden prozentuale Verteilungen zur Veranschaulichung häufig grafisch dargestellt.
Man verwendet entweder **Säulen-**, **Balken-** oder **Kreisdiagramme**.

Bei Säulen- und Balkendiagrammen wird der Prozentsatz auf die Höhe der Säule, bzw. die Länge des Balkens übertragen. Man muss darauf achten, dass man einen Maßstab wählt, den man gut zeichnen kann (z. B. 1 mm für 1 %).

Bei Kreisdiagrammen wird der Prozentsatz in den Öffnungswinkel des entsprechenden Kreisausschnitts umgerechnet (360° ≙ 100 %, 3,6° ≙ 1 %).

Beispiel 9: Bei der Landtagswahl 2011 in Baden-Württemberg ergab sich folgende Stimmenverteilung:
CDU 39 %, Grüne 24,2 %, SPD 23,1 %, FDP 5,3 %, andere Parteien 8,4 %.
Stelle das Ergebnis mit verschiedenen Diagrammen dar.

Tabelle:

Partei	Anteil (in %)
CDU	39 %
Grüne	24,2 %
SPD	23,1 %
FDP	5,3 %
andere Parteien	8,4 %

Auch wenn es nicht verlangt ist, kann es hilfreich sein, die angegebenen Werte in einer Tabelle zu „sammeln", da du so leichter den Überblick behältst.

Säuendiagramm

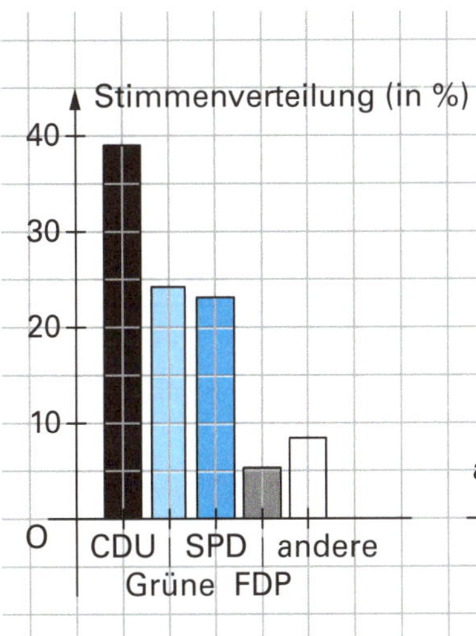

Balkendiagramm

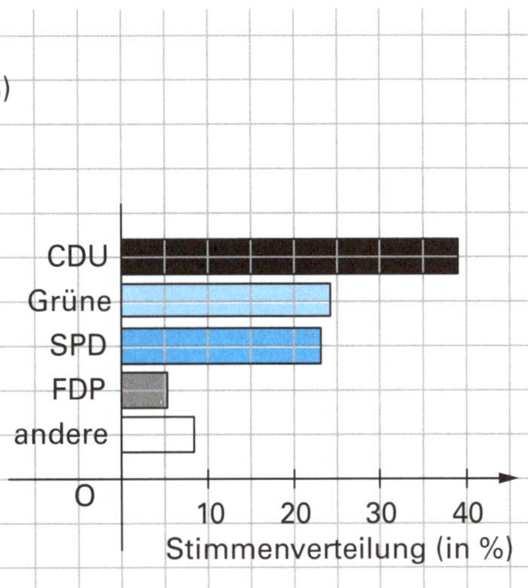

Kreisdiagramm

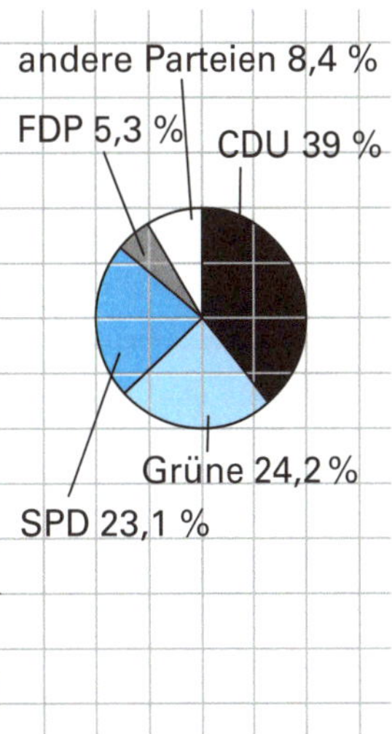

üben

Test 1: Prozentsätze bestimmen

1 Gib zum relativen Anteil den entsprechenden Prozentsatz an.

a) $r = \frac{2}{5}$ ____________________ b) $r = \frac{7}{10}$ ____________________

c) $r = \frac{13}{40}$ ____________________ d) $r = 1\frac{3}{8}$ ____________________

2 Verwandle den Dezimalbruch in einen Prozentsatz mit höchstens einer Dezimalstelle.

a) 0,56 ____________________ b) 0,375 ____________________

c) 0,0375 ____________________ d) 2,2075 ____________________

3 Ordne der Prozentzahl einen Dezimalbruch und einen gekürzten Bruch zu.

a) p = 22 ____________________ b) p = 5,5 ____________________

c) p = 110 ____________________ d) p = 12,25 ____________________

4 Wie viel Prozent der Fläche ist dunkel gefärbt?

a)

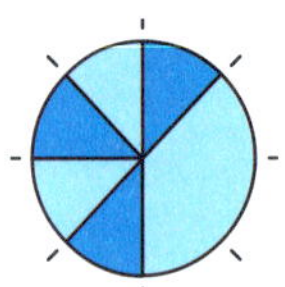

____

____

b)

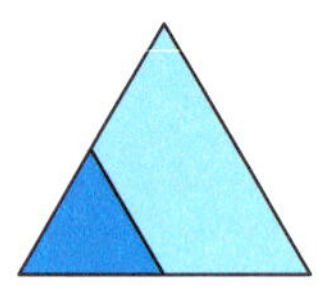

____

____

c)

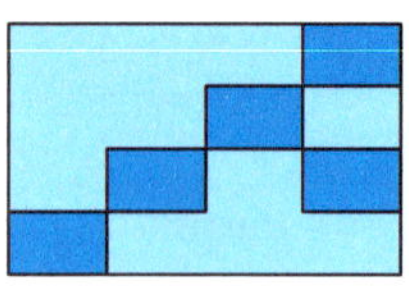

____

____

5 a) Wie viel Prozent der blauen Zahlen sind Primzahlen?

____

b) Wie viel Prozent der Primzahlen sind blau?

____

1	2	3	4
5	6	7	8
9	10	11	12
13	14	15	16

Test 2: Prozentwerte bestimmen

üben

1 Berechne den Prozentwert nach der Dreisatz-Methode.

a) 12 % von 140 €   b) 40 % von 56 kg

2 Berechne den Prozentwert mithilfe der entsprechenden Formel.

a) Bei der Wahl zum Klassensprecher entfallen ca. 72,4 % der 29 Stimmen auf Tanja.

b) Klaus erhält beim Kauf eines Fahrrades 8 % Rabatt auf 340 €. Wie viel bezahlt er?

3 In der Schulzeitschrift zeigt das abgebildete Kreisdiagramm, wie sich die 950 Schülerinnen und Schüler dieses Gymnasiums auf die Unter- (US), Mittel- (MS) und Oberstufe (OS) verteilen. Wie viele Schülerinnen und Schüler besuchen jede Stufe?

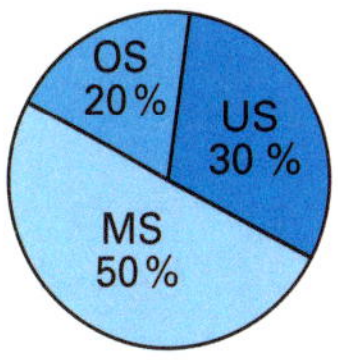

4 Stelle die nebenstehende Auswertung einer Klassenarbeit als Kreisdiagramm dar.

Note	1	2	3	4	5	6
Anzahl Schüler	3	6	10	4	2	0

Test 3: Rechnen mit Prozenten, Darstellung

1 Berechne den Grundwert nach der Dreisatz-Methode.

a) 18 % entsprechen 270 m

b) 35 % entsprechen 21 €

2 Berechne und gib das Ergebnis in der genannten Maßeinheit an.

a) 5 % von 30 € = ______ Cent

b) 15 % von 50 kg = ______ g

c) 25 % von 16 m^2 = ______ dm^2

d) 125 % von 80 cm^3 = ______ dm^3

e) 1,5 % von 80 % = ______ ‰

f) 0,5 % von 2 m^3 = ______ cm^3

3 Berechne den Grundwert mithilfe der entsprechenden Formel.

a) Olivers Sparguthaben wird mit 3,8 % verzinst, das sind nach einem Jahr 20,90 €. Wie viel Geld hatte er ursprünglich angelegt?

b) Die Kriminalpolizei teilt mit, dass im letzten Jahr 228 Straftaten aufgeklärt wurden, jedoch konnten 12 % aller Straftaten nicht geklärt werden. Wie viel Straftaten wurden insgesamt begangen?

4 Eine Umfrage unter Sechstklässlern wie oft sie in der Woche fernsehen, im Internet surfen oder PC- bzw. Konsolenspiele spielen, hat folgendes ergeben (siehe Tabelle rechts).

täglich mehr als 1 h	37 %
täglich bis zu 1h	46 %
2- bis 3-mal die Woche	
1-mal in der Woche	6 %

a) Wie viel Prozent nutzen diese Medien 2- bis 3-mal in der Woche?

b) Stelle die prozentuale Verteilung in einem Säulen- und einem Kreisdiagramm im Heft dar. Vergleiche die beiden Diagramme. Was fällt dir auf?

Test 4: Aufgaben für Experten

1 Von einem großen Quadrat soll an einer Ecke ein quadratisches Stück der Kantenlänge 5 cm ausgeschnitten werden, das sind 14,8 % der Gesamtfläche. Bestimme den Flächeninhalt und die Kantenlänge des großen Quadrates.

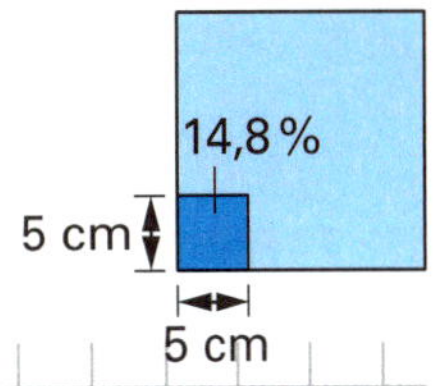

2 In der Gemeinde Waldstadt (20 000 Stimmberechtigte) wurde der Bürgermeister mit $\frac{3}{4}$ der abgegebenen Stimmen wiedergewählt. Die Wahlbeteiligung lag bei 65 %. Simon behauptet: „Mensch, dann wollte nicht mal die Hälfte aller stimmberechtigten Bürger den Bürgermeister im Amt bestätigt sehen!“ Stimmt das?

3 Die Erde besitzt eine Oberfläche von ca. 500 Millionen (Mio.) km^2, die größtenteils mit Wasser bedeckt ist. Die Landfläche macht nur 42,9 % der Wasserfläche aus. Wie viel Prozent der Erdoberfläche sind von Wasser und wie viel von Land bedeckt?

4 Ein Verkäufer will den Preis für ein Möbelstück variieren. Zunächst erhöht er den Preis um 12 %, später senkt er den Preis wieder um 12 %. Löse im Heft.

a) Begründe, warum das Möbelstück nach der Preissenkung nicht wieder gleich viel kostet wie ursprünglich.

b) Wie viel Prozent vom ursprünglichen Preis kostet es noch?

c) Begründe mit den Ergebnissen aus Teilaufgabe b), dass es keinen Unterschied gemacht hätte, wenn er den Preis zuerst 12 % gesenkt und anschließend wieder 12 % angehoben hätte.

Klassenarbeit Nr. 8 45 min

können

1 Setze ein: 100 % ▪ Grundwert G ▪ 2 ▪ Prozentwert W ▪ 60 % ▪ Prozentsatz ▪ 100 ▪ rechts ▪ 5 ▪ Prozentzahl p

Bei einem Bruch mit dem Nenner ________ heißt der Zähler ____________. Der ________________ ergibt sich daraus zu $p\,\% = \frac{p}{100}$. Ein Dezimalbruch wird in einen Prozentsatz verwandelt, indem man das Komma um ______ Stellen nach ____________ verschiebt. Die Angabe $p\,\% =$ ________ entspricht dem relativen Anteil $r = \frac{60}{100} = \frac{3}{5}$ und besagt, dass 3 von ______ Teilen gemeint sind. Der durch einen Prozentsatz erfasste Anteil vom Ganzen heißt ____________ ________, das Ganze selbst wird ________________ genannt und entspricht stets ________.

/5

2 Vervollständige die Tabelle.

Prozentsatz	8 %				
Dezimalzahl		0,45			
Bruch mit Nenner 100			$\frac{13}{100}$		
gekürzter Bruch				$\frac{1}{2}$	$\frac{2}{3}$

/5

3 Bestimme den relativen Anteil und den Prozentsatz

a) der dunklen Fläche an der Gesamtfläche.

____

b) der dunklen Fläche an der hellen Fläche.

____

c) der hellen Fläche an der dunklen Fläche.

____

/6

4 Berechne jeweils mit der Dreisatz-Methode:

a) Wie viel Prozent sind 44 von 275 Personen?

b) Wie viele Personen sind 44 % von 275 Personen?

c) 44 Personen entsprechen 40 %. Wie viele sind es insgesamt?

/6

können

5 In der Mitgliederzeitschrift einer Krankenkasse zeigt das Balkendiagramm, dass 24 % der Mitglieder als Jugendliche (J) bei ihren Eltern mitversichert und 32 % der Mitglieder Rentner (R) sind. Lediglich 17 600 Mitglieder zahlen Beiträge aus eigener Erwerbstätigkeit (E). Berechne die fehlenden Daten.

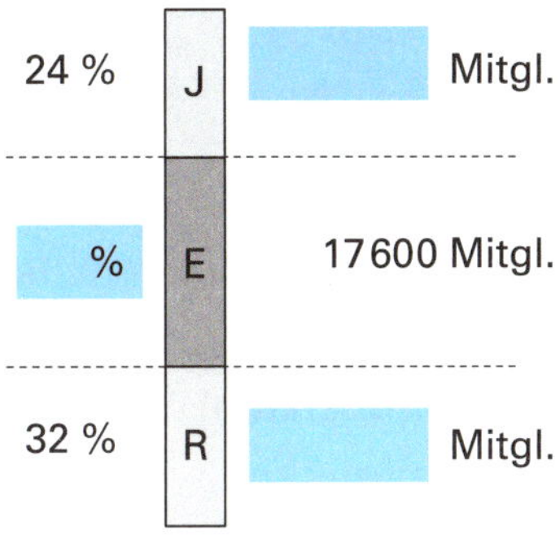

/3

6 Für das abgebildete regelmäßige Sechseck gilt:
Der Umfang des Sechsecks beträgt etwa 95,5 % des Kreisumfangs. Zeige durch eine allgemeine Rechnung, dass dieses Verhältnis für jedes regelmäßige Sechseck und seinen Umkreis gilt und nicht vom Radius abhängt.

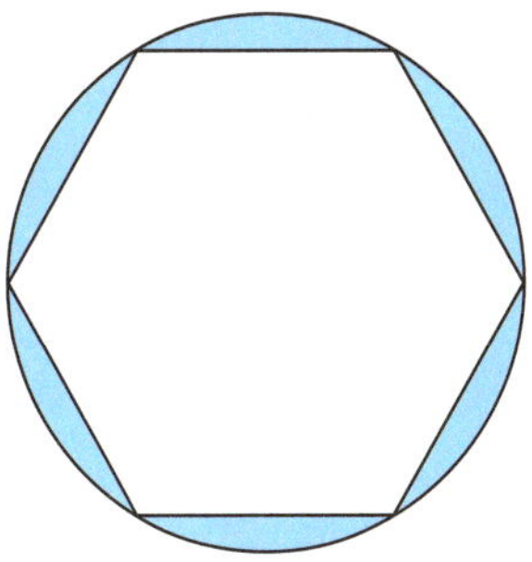

/5

erreichte Punktzahl

/ 30

verstehen

9 Daten und Wahrscheinlichkeiten

Datenerhebung und absolute Häufigkeiten

Wenn man eine Umfrage durchführt, Pflanzen bestimmt und zählt, oder vergleicht, wer in der Familie die meisten SMS schreibt, dann nennt man das eine **Datenerhebung**. Bevor man solche Daten erhebt, muss man sich klarmachen, nach welchem **Merkmal** man sucht (z. B. mit welchem Verkehrsmittel die Schüler deines Gymnasiums zur Schule kommen) und welche **Werte** das Merkmal annehmen kann (Auto, Bus, Zug, Fahrrad, Roller, zu Fuß). Die Anzahl der gesammelten Daten nennt man den **Stichprobenumfang n**. Der Stichprobenumfang ist entscheidend dafür, welche Aussagekraft deine Datensammlung hat.

Beispiel 1: Eine Umfrage zum Verkehrsmittel, mit dem die Schülerinnen und Schüler zur Schule kommen, hat an einem Gymnasium folgende Werte ergeben:

Auto	Bus	Zug	Fahrrad	Roller	zu Fuß	Stichprobenumfang n
223	255	267	266	97	142	1250

Die Anzahl eines Merkmalswertes (z. B. 267 bei „Zug") nennt man die **absolute Häufigkeit H**. Eine Tabelle wie diese ist daher auch eine **Tabelle der absoluten Häufigkeiten**.

Relative Häufigkeiten

Da die absolute Häufigkeit eines Merkmalswertes stark vom Stichprobenumfang beeinflusst wird, kann man Ergebnisse mit unterschiedlichem Stichprobenumfang nur sehr schwer miteinander vergleichen.

Beispiel 2: Die gleiche Umfrage wurde an einer Privatschule in einer Nachbargemeinde durchgeführt.

Auto	Bus	Zug	Fahrrad	Roller	zu Fuß	Stichprobenumfang n
93	97	104	87	63	54	498

Möchte man nun wissen, in welcher Schule im Verhältnis mehr Schüler mit dem Auto zur Schule gebracht werden, kann man schlecht die beiden absoluten Häufigkeiten miteinander vergleichen, da die beiden Schulen sehr unterschiedliche Schülerzahlen haben. Um eine Vergleichbarkeit herzustellen, kann man für beide Umfragen die relativen Anteile der Merkmalswerte ausrechnen (vgl. Kapitel Prozentrechnen, Seite 83). Man nennt diese relativen Anteile die **relative Häufigkeit h**. Es gilt $\mathbf{h = \frac{H}{n}}$. Die relative Häufigkeit kann als Bruch oder in Prozent angegeben sein. **Die Summe aller relativen Häufigkeiten muss immer 1 (100 %) ergeben.**

Beispiel 3: Für die beiden oben genannten Unfragen gilt dann:

Gymnasium	Auto	Bus	Zug	Fahrrad	Roller	zu Fuß	n
abs. Häufigkeit H	223	255	267	266	97	142	1250
rel. Häufigkeit h	$\frac{223}{1250}$ ≈ 17,8 %	$\frac{255}{1250}$ = 20,4 %	$\frac{267}{1250}$ ≈ 21,4 %	$\frac{266}{1250}$ ≈ 21,3 %	$\frac{97}{1250}$ ≈ 7,8 %	$\frac{142}{1250}$ ≈ 11,4 %	

Privatschule	Auto	Bus	Zug	Fahrrad	Roller	zu Fuß	n
abs. Häufigkeit H	93	97	104	87	63	54	498
rel. Häufigkeit h	$\frac{93}{498}$ ≈ 18,7 %	$\frac{97}{498}$ ≈ 19,5 %	$\frac{104}{498}$ ≈ 20,9 %	$\frac{87}{498}$ ≈ 17,5 %	$\frac{63}{498}$ ≈ 12,7 %	$\frac{54}{498}$ ≈ 10,8 %	

Jetzt kann man leicht erkennen, dass in der Privatschule im Verhältnis etwas mehr Schüler mit dem Auto gebracht werden als im Gymnasium.

Zufall und Wahrscheinlichkeit

Wenn man würfelt, kann man die auftretende Augenzahl nicht vorhersagen. Auch beim Werfen einer Münze kann man weder Kopf noch Zahl voraussagen, und ebensowenig sind die Gewinnzahlen der nächsten Lottoziehung prognostizierbar. Jeder Vorgang, der zwar genau beschreibbar und beliebig oft wiederholbar, dessen Ausgang aber ungewiss ist, wird als **Zufallsexperiment** bezeichnet, und man nennt jeden möglichen Versuchsausgang ein **Ergebnis**. Alle Ergebnisse werden zur **Ergebnismenge** $S = \{e_1; e_2; e_3 ...\}$ zusammengefasst.

Beim Zufallsexperiment „Würfeln" sind die Ergebnisse 1, 2, 3, 4, 5 oder 6 denkbar. (S = {1; 2; ...; 6}), beim „Ziehen der ersten Lottokugel" sind es die Ergebnisse 1, 2, ..., 49 (S = {1; 2; 3; ...; 49}).

Mehrere Versuchsausgänge (Ergebnisse) ergeben zusammen ein **Ereignis**. Ereignisse werden in Wortform oder in der Mengenschreibweise angegeben. Eine Ereignismenge ist immer eine Teilmenge der Ergebnismenge S. Ereignisse mit nur einem Element nennt man **Elementarereignisse**.

Beispiel 4: Beim Würfeln wären z. B. die Ereignisse
A: *Würfeln der Zahl 6* A = {6} (Elementarereignis);
B = *Würfeln einer geraden Zahl* B = {2; 4; 6} etc. denkbar.

Alle Ergebnisse, die nicht zu einem Ereignis E gehören, liegen im sogenannten **Gegenereignis** $\overline{E}$ (E quer).
Es gilt $p(E) + p(\overline{E}) = 1$,
bzw. $p(E) = 1 - p(\overline{E})$.

Während die Symmetrie eines Würfels festlegt, dass für jede Augenzahl **die gleiche Chance** besteht, wird dies in einer Lotto-Urne durch die Gleichartigkeit der Kugeln und durch die gezielt herbeigeführte völlige Unordnung vor dem Ziehen der Kugel erreicht. Dem französischen Mathematiker Laplace verdanken wir diese Überlegungen. Wir sprechen daher in solchen Fällen von einem **Laplace-Experiment** und können die **Wahrscheinlichkeit p (A)** für ein bestimmtes Ereignis A dann so berechnen:

$$p(A) = \frac{\text{Anzahl der für A günstigen Ausgänge}}{\text{Anzahl aller möglichen Ausgänge}}$$ **(Laplace-Formel)**

Beispiel 5: Ereignis A = *Würfeln der Zahl 6*; günstig: 6; möglich: 1, 2, 3, 4, 5, 6

$$\Rightarrow p(A) = \frac{1 \text{ (günstiger Ausgang)}}{6 \text{ (mögliche Ausgänge)}} = \frac{1}{6}$$

Beispiel 6: Ereignis B = *Würfeln einer geraden Zahl*; günstig: 2, 4, 6; möglich: 1, 2, 3, 4, 5, 6

$\Rightarrow \; p(B) = \frac{3 \text{ (günstige Ausgänge)}}{6 \text{ (mögliche Ausgänge)}} = \frac{3}{6} = \frac{1}{2}$

Wahrscheinlichkeiten experimentell bestimmen

Nicht jedes Zufallsexperiment ist auch ein Laplace-Experiment. Wird etwa der Schwerpunkt eines Würfels durch eingelagerte Metallteile verändert **(gezinkt)**, dann darf man die Laplace-Formel nicht mehr anwenden. Jetzt bleibt nur die Möglichkeit, einen Näherungswert für die veränderten Wahrscheinlichkeiten durch häufiges Werfen herauszufinden.

Beispiel 7: 10 Schüler würfeln je 100-mal mit demselben Würfel und stellen dabei für die Augenzahl 6 die absoluten Häufigkeiten 15, 21, 12, 14, 19, 25, 10, 16, 19 und 15 fest. Wegen der großen Schwankungsbreite dieser Werte addieren sie schrittweise die Anzahlen der Würfe (n) und ebenso die entsprechenden Häufigkeiten (H). Mit anwachsendem Stichprobenumfang n müssen sie allerdings noch die **relativen Häufigkeiten h** berechnen, um vergleichbare Angaben zu erhalten:

n	100	200	300	400	500	600	700	800	900	1000
H	15	15 + 21 = 36	36 + 12 = 48	48 + 14 = 62	62 + 19 = 81	81 + 25 = 106	106 + 10 = 116	116 + 16 = 132	132 + 19 = 151	151 + 15 = 166
h	0,150	0,180	0,160	0,155	0,162	0,177	0,166	0,165	0,168	0,166

Offensichtlich nimmt die Schwankungsbreite der relativen Häufigkeiten h mit wachsendem Stichprobenumfang n ab. Sowohl aus der Tabelle als auch aus der Grafik kann man entnehmen, dass sich die relativen Häufigkeiten auf einen Wert zwischen 0,166 und 0,168 einpendeln. Man sagt, sie **stabilisieren** sich bei diesem Wert. Als Näherungswert für die Wahrscheinlichkeit eine 6 zu würfeln, können die Schüler also $p = 0{,}167$ annehmen.

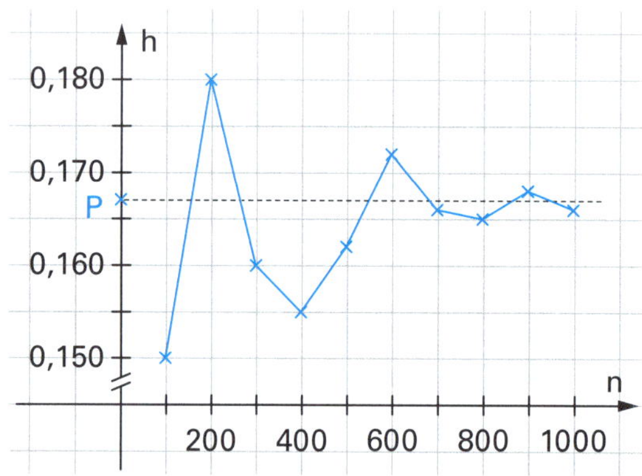

Dieser Stabilisierungseffekt ist allgemeingültig und wird als das **Gesetz der großen Zahlen** bezeichnet.

Seine große Bedeutung liegt darin, dass es für beliebige Zufallsexperimente einen Weg weist, um Wahrscheinlichkeiten aus hinreichend großen Stichproben zu bestimmen.

Beispiel 8: Anja hat beobachtet, dass 196 von 280 Personen eine Jeans tragen. Somit kann sie die Wahrscheinlichkeit dafür, dass auch die nächste Person eine Jeans trägt, abschätzen zu $p \approx h_{280} = \frac{196}{280} = 0{,}7$, das sind 70 %.

Zweistufige Zufallsexperimente

Zweistufige Zufallsexperimente setzen sich aus zwei gleichzeitig oder hintereinander ausgeführten Teilexperimenten zusammen, und die Wahrscheinlichkeiten für das Gesamtexperiment ergeben sich aus den Wahrscheinlichkeiten beider Teilexperimente.

Wird eine Münze geworfen, so zeigt ihre Oberseite Wappen (W) oder Zahl (Z). Hierfür betragen die Laplace-Wahrscheinlichkeiten $p(W) = p(Z) = \frac{1}{2}$. Wird nun die Münze ein zweites Mal geworfen, oder werden zwei Münzen gleichzeitig geworfen, dann resultieren **geordnete Paare von Teilergebnissen**.

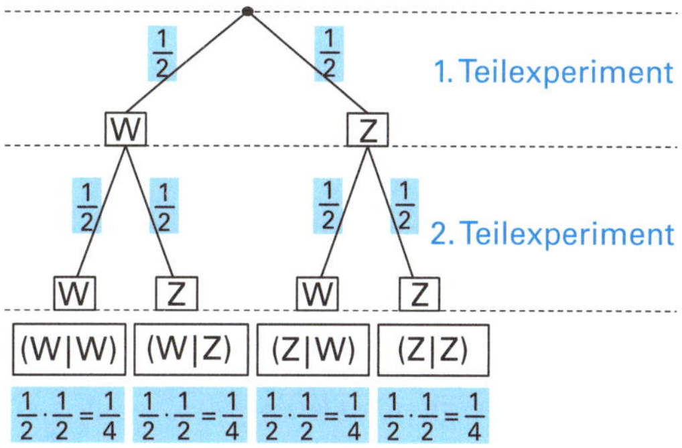

So bedeutet z. B. die Angabe (Z|W), dass der erste Wurf, bzw. die erste Münze Zahl und der zweite Wurf, bzw. die zweite Münze Wappen zeigt.

Im **Baumdiagramm** entspricht diese Kombination einem von vier möglichen Wegen. Offensichtlich liefert das Produkt der Teilwahrscheinlichkeiten entlang dieses Weges (auch: Pfades) genau die Wahrscheinlichkeit für diese Kombination am Endpunkt:

$$p(Z|W) = P(Z) \cdot p(W) = \frac{1}{2} \cdot \frac{1}{2} = \frac{1}{4}$$

Diese Vorgehensweise lässt sich zur allgemeingültigen **Pfadregel** zusammenfassen: Bei einem zweistufigen Zufallsexperiment ist die Wahrscheinlichkeit für ein Ereignis, das einem bestimmten Endpunkt im Baumdiagramm entspricht, das **Produkt der beiden Teilwahrscheinlichkeiten** auf dem Weg zu diesem Endpunkt.

Test 1: Häufigkeit; Laplace-Wahrscheinlichkeit

1 Die Schülerinnen und Schüler der 6. Klassen des Schiller-Gymnasiums wurden nach ihren Lieblingstieren befragt. Die Ergebnisse wurden in eine Tabelle eingetragen, die leider noch nicht ganz vollständig ist.

Tiere	Pferde	Hunde	Katzen	sonstige
absolute Häufigkeit H	50		40	
relative Häufigkeit h	$\frac{1}{3}$			$\frac{1}{10}$

a) Wie groß war der Stichprobenumfang, d. h. wie viele Schülerinnen und Schüler wurden befragt?

____

b) Fülle die Tabelle aus.

c) Stelle die relativen Häufigkeiten in einem Kreisdiagramm dar.

2 Kreuze die Zufallsexperimente an, bei denen Laplace-Wahrscheinlichkeiten bestimmt werden können.

- ☐ Werfen eines fairen Würfels
- ☐ Kugel aus einer Urne ziehen
- ☐ Werfen eines gezinkten Würfels
- ☐ Werfen einer Reißzwecke

3 Wie groß ist beim Werfen eines fairen Würfels die Wahrscheinlichkeit, dass …

a) die Augenzahl 2 erscheint (A)? _______________

b) die Augenzahl 5 erscheint (B)? _______________

c) die Augenzahl ungerade ist (C)? _______________

d) die Augenzahl größer als 2 ist (D)? _______________

e) die Augenzahl durch 7 teilbar ist (E)? _______________

4 a) Begründe, warum sich die Chancen für alle Zahlen des abgebildeten Glücksrades als Laplace-Wahrscheinlichkeiten angeben lassen.

____

____

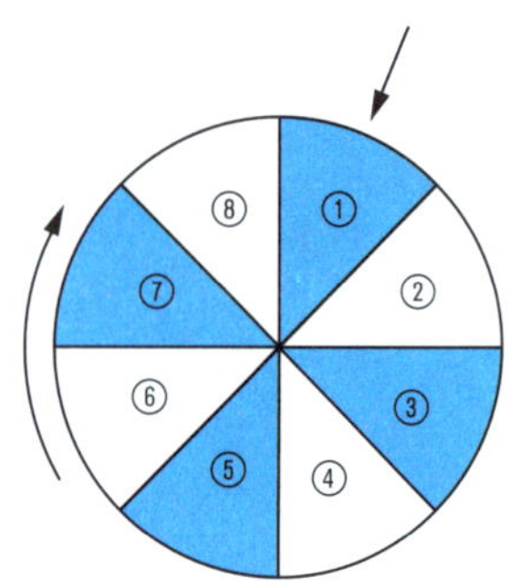

b) Mit welcher Wahrscheinlichkeit ist die Gewinnzahl …

größer als 5 (A)? _______________

kleiner als 6 (B)? _______________

eine Primzahl (C)? _______________

Test 2: Wahrscheinlichkeiten bestimmen

1 Timo testet einen Würfel seines Mensch-Ärgere-Dich-Nicht-Spiels und stellt fest, dass sich für die Augenzahl 6 die relativen Häufigkeiten h mit zunehmender Anzahl n der Würfe in der abgebildeten Weise entwickeln.

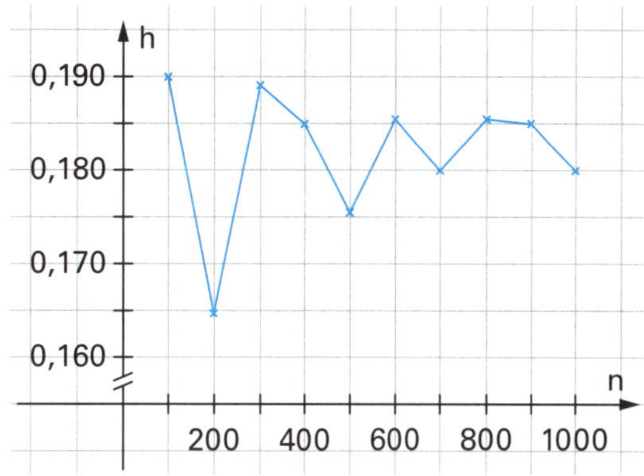

a) Schätze die Wahrscheinlichkeit p(6) ab, indem du in der Grafik abliest, bei welchem Wert sich die relativen Häufigkeiten wahrscheinlich stabilisieren. ______________

b) Könnte Timo aus dem Ergebnis von Teilaufgabe a) den Schluss ziehen, dass der Würfel „gezinkt" ist?

____

____

2 Sandra wirft eine Reißzwecke und stellt fest, dass sie in den beiden abgebildeten Positionen (A) oder (B) liegen bleiben kann.

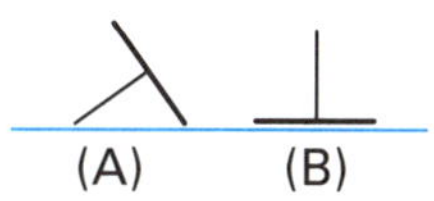

a) Warum kann sie die Wahrscheinlichkeiten für die beiden Positionen (A) und (B) nicht mit der Formel von Laplace bestimmen?

____

b) Sandra will die Wahrscheinlichkeiten experimentell bestimmen und führt dazu mehrere Serien von jeweils 100 Würfen durch.
Dabei notiert sie für die Position (A) die folgenden absoluten Häufigkeiten: 66, 55, 63, 67, 54, 58, 61, 63, 57, 60.
Fülle zunächst die Tabelle aus, wobei du die absoluten Häufigkeiten schrittweise addierst.

n	100	200	300	400	500	600	700	800	900	1000
H(A)										
h(A)										

c) Stelle die relativen Häufigkeiten h(A) der vorangehenden Tabelle in einem n-h-Diagramm dar und schätze die Wahrscheinlichkeit p(A) ab.

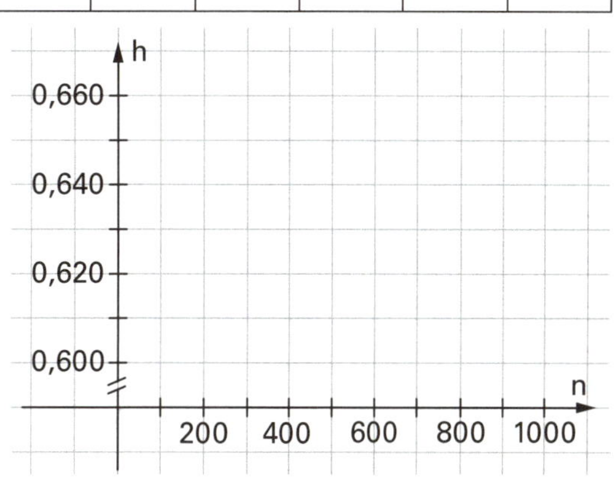

____

d) Gib auch die Wahrscheinlichkeit p(B) an. ______________

über

Test 3: Mit Wahrscheinlichkeiten rechnen

1 a) 46 der letzten 184 vorbeifahrenden Pkw waren silbergrau (S). Mit welcher Wahrscheinlichkeit ist auch der nächste vorbeifahrende Pkw silbergrau?

____

b) Von den 23 000 Autofahrerinnen und Autofahrern einer Kleinstadt können sich 106 als gehbehindert ausweisen. Geplant ist der Bau eines Parkhauses mit 1000 Stellplätzen.
Wie viele Stellplätze sollten für Gehbehinderte vorbehalten sein?

____

c) Saschas Vater ist Kundenberater und muss sehr viel telefonieren. Es ärgert ihn, dass er bei seinen letzten 340 Anrufen nur 119-mal direkt durchkam. Mit welcher Wahrscheinlichkeit muss er auch beim nächsten Anruf mehrfach wählen?

____

2 Achim und Bettina wollen prüfen, ob ein Würfel fair ist. Sie legen fest, dass die experimentell bestimmte Wahrscheinlichkeit um höchstens 10 % von der Laplace-Wahrscheinlichkeit eines fairen Würfels $\frac{1}{6} \approx 0{,}167$ abweichen darf, sie muss dann also zwischen 0,1503 und 0,1837 liegen.

a) Achim erzielt bei 400 Würfen 54-mal die Augenzahl 6.

____

b) Bettina hat mehr Ausdauer und würfelt 600-mal. Sie notiert 96 Sechser.

____

c) Wie beurteilst du die Ergebnisse von Achim und Bettina?

____

3 Ein Bauer hält 40 Kühe, von denen 24 Tiere schwarz und die übrigen Tiere braun sind. 22 Kühe sind gescheckt, der Rest ist einfarbig. 14 der schwarzen Tiere sind gescheckt. Rechne im Heft.

a) Fülle die Vierfeldertafel aus.
Trage zunächst die gegebenen Daten ein, und bestimme dann die fehlenden Werte.

b) Mit welcher Wahrscheinlichkeit ist
(1) eine zufällig ausgewählte Kuh braun?
(2) eine zufällig ausgewählte Kuh nicht gescheckt?
(3) eine der braunen Kühe gescheckt?

	schwarz	braun	Summe
gescheckt			
nicht gescheckt			
Summe			

Test 4: Zweistufige Zufallsexperimente

üben

1 a) Fülle die Leerfelder der Baumdiagramme aus.

(1)

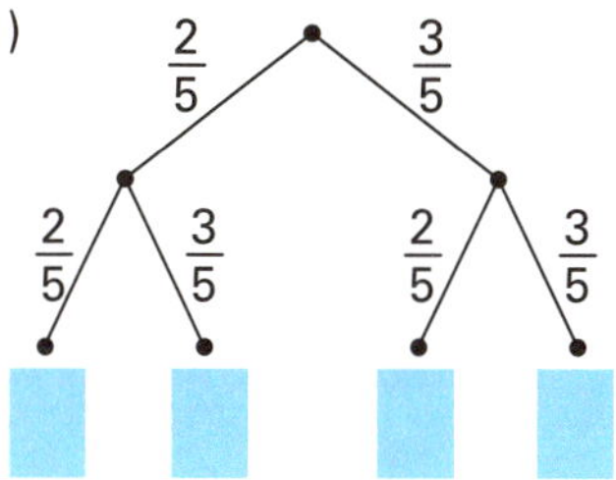

(2)

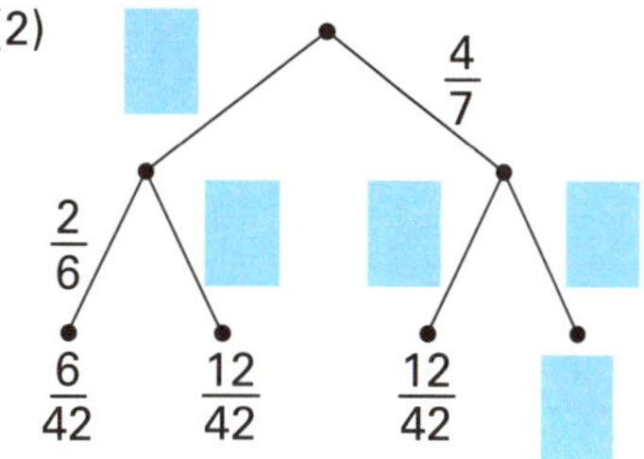

b) Beschreibe zu jedem Baumdiagramm aus Teilaufgabe a) ein Zufallsexperiment vom Typ „Zweimaliges Ziehen aus einer Urne" mit möglichst wenig schwarzen und weißen Kugeln.

____

____

2 Eine Kiste enthält Schrauben, und zwar 140 Stück der Größe S1 und 60 Stück der Größe S2. In einer zweiten Kiste sind die dazu passenden Muttern, und zwar 60 Stück M1 (die zu den Schrauben S1 passen) und 90 Stück M2 (passend zu S2). Klaus entnimmt jeder Kiste jeweils ein Teil ohne genau hinzuschauen.

a) Zeichne das zugehörende Baumdiagramm und trage alle Teil- und Gesamtwahrscheinlichkeiten ein.

b) Ist die Wahrscheinlichkeit größer, dass Klaus zufällig ein passendes Paar oder ein nicht passendes Paar entnimmt?

____

____

3 Karin hat Schwierigkeiten mit einer Mathematikaufgabe. Sie weiß aber, dass ihr in 70 % solcher Fälle Anja und zu 60 % auch Nadine weiterhelfen können. Nun kann sie wählen, wen sie zuerst anruft.

a) Zeichne für beide Fälle jeweils ein Baumdiagramm.

(1)

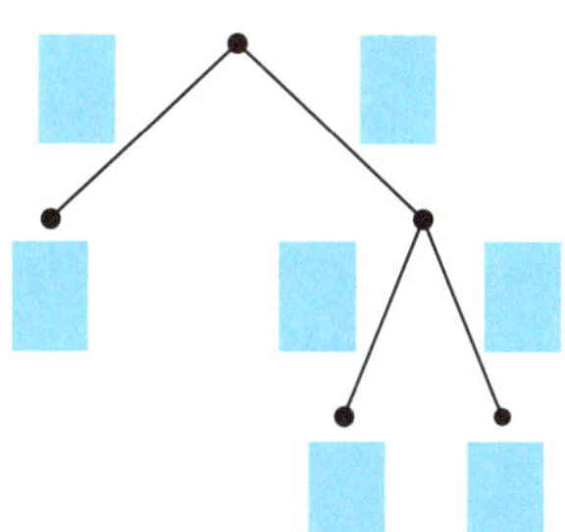

(2)

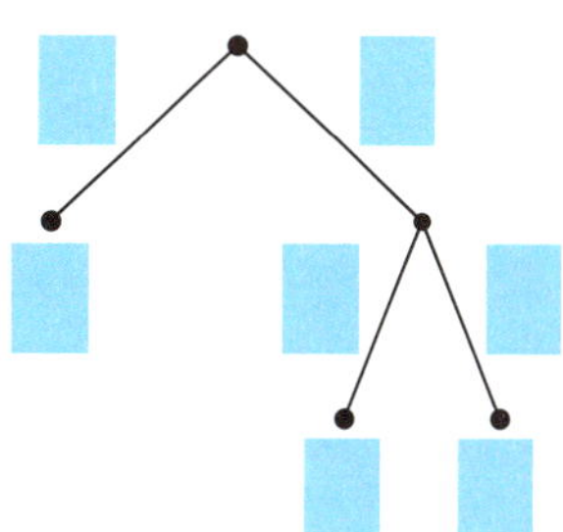

b) Bei welcher Reihenfolge ist die Gesamtwahrscheinlichkeit für eine letztendlich erfolgreiche Hilfestellung größer?

____

____

Klassenarbeit Nr. 9 45 min

können

1 Um mehr Schüler für das Essen in der Schulmensa zu gewinnen, führt das Küchenteam eine Umfrage nach dem Lieblingsessen durch.
Das Ergebnis wurde in einer (unvollständigen) Tabelle festgehalten.

Essen	Nudeln	Pizza	Menü	sonst.
absolute Häufigkeit H			150	
relative Häufigkeit h	$\frac{1}{3}$	$\frac{3}{10}$		$\frac{7}{60}$

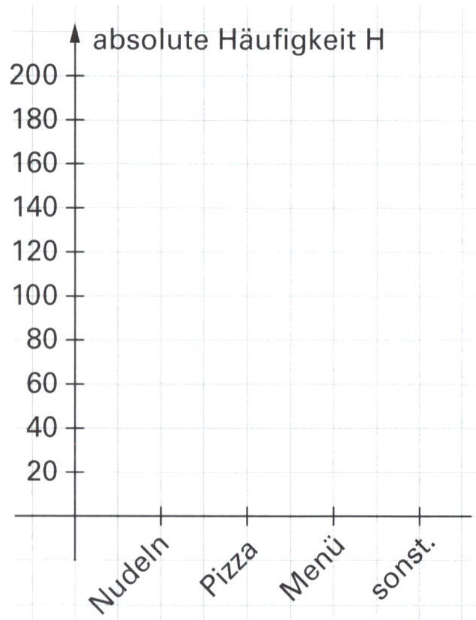

a) Wie viele Schülerinnen und Schüler wurden befragt?

____

____

____

____

/7

b) Vervollständige die Tabelle.

c) Stelle die absoluten Häufigkeiten im Säulendiagramm dar.

2 Ein Glücksrad mit sechs Sektoren enthält die Zahlen von 0 bis 5.

a) Wie groß müssen die Winkel der Sektoren sein, damit das Drehen des Glücksrades ein Laplace-Experiment ist?

____

b) Wie groß ist die Wahrscheinlichkeit, die Zahl 4 zu drehen (Ereignis A)?

____

/3

c) Mit welcher Augenzahl ist die gedrehte Zahl eine Primzahl (B)?

____

3 Eine Urne enthält für jeden Buchstaben des Alphabets genau eine beschriftete Kugel. Tina hat bereits die drei Buchstaben F, E und S in dieser Reihenfolge gezogen. Mit welcher Wahrscheinlichkeit zieht sie als vierte Kugel …

a) den Buchstaben T, damit das Wort FEST gebildet wird?

____

b) einen weiteren Konsonanten (Mitlaut)?

____

c) einen alphabetischen Vorgänger oder Nachfolger der schon gezogenen Buchstaben?

/6

____

können

4 Mit welcher Wahrscheinlichkeit hat eine zufällig bestimmte Person ...

a) im gleichen Monat Geburtstag wie du? ____________________

b) am gleichen Tag Geburtstag wie du? ____________________

/2

5 Für einen Gartenweg werden quadratische Platten mit den rechts abgebildeten Mustern verwendet.

(1)

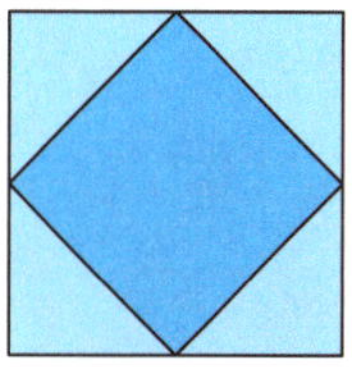

(2)

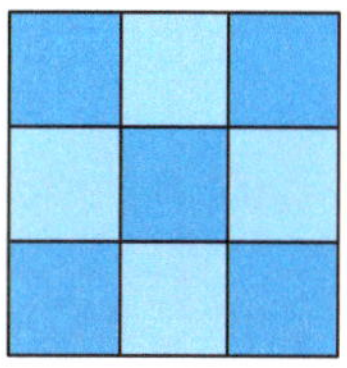

a) Es beginnt zu regnen. Mit welcher Wahrscheinlichkeit trifft ein Regentropfen jeweils auf den dunklen Teil der Plattenfläche?

Muster (1): ____________________

Muster (2): ____________________

b) Warum darfst du auch hier Laplace-Wahrscheinlichkeiten angeben?

____

____

/6

6 Für zwei Tetraeder-Würfel (ein Tetraeder ist ein Körper mit vier gleichseitigen Dreiecken als Seitenflächen), die jeweils mit den Zahlen 1 bis 4 beschriftet sind, werden die beiden verdeckten Zahlen der Unterseite zur Summe X addiert.

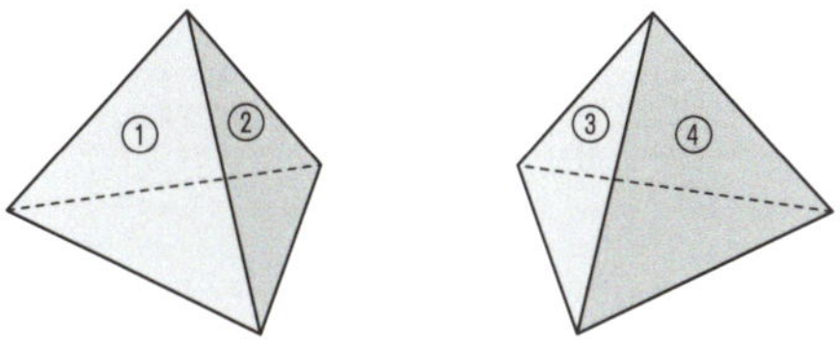

		2. Würfel			
	+	1	2	3	4
1. Würfel	1				
	2				
	3				
	4				

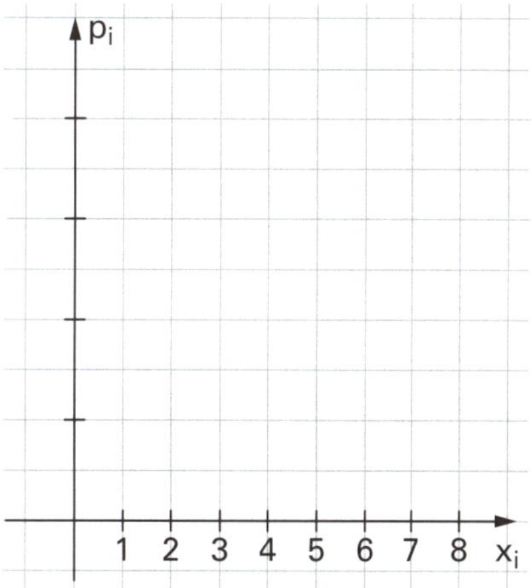

a) Trage zunächst alle möglichen Summen x_i in die Tabelle rechts oben ein.

b) Notiere jetzt die Wahrscheinlichkeitsverteilung der Augensumme X hier:

x_i	2	3	4	5	6	7	8
p_i							

c) Stelle die Wahrscheinlichkeitsverteilung aus Teilaufgabe b) als Säulendiagramm dar.

/6

erreichte Punktzahl

/ 30

Kapitel 1: Rechnen mit Bruchzahlen

Test 1: Brüche darstellen — Seite 10

1 a) $\frac{7}{15}$ b) $\frac{5}{14}$ c) $\frac{9}{36}=\frac{1}{4}$

2 a) $\frac{7}{3}=2\frac{1}{3}$ b) $\frac{12}{5}=2\frac{2}{5}$ c) $\frac{24}{23}=1\frac{1}{23}$
d) $\frac{131}{43}=3\frac{2}{43}$ e) $1\frac{4}{7}=\frac{11}{7}$ f) $7\frac{1}{3}=\frac{22}{3}$
g) $13\frac{2}{5}=\frac{67}{5}$ h) $24\frac{3}{8}=\frac{195}{8}$

3 a) $\frac{\cancel{16}^{4}}{\cancel{24}_{6}}=\frac{4}{6}$; $\frac{\cancel{32}^{8}}{\cancel{68}_{17}}=\frac{8}{17}$; $\frac{\cancel{120}^{30}}{\cancel{132}_{33}}=\frac{30}{33}$
b) $\frac{\cancel{18}^{3}}{\cancel{24}_{4}}=\frac{3}{4}$; $\frac{\cancel{45}^{3}}{\cancel{60}_{4}}=\frac{3}{4}$; $\frac{\cancel{39}^{3}}{\cancel{91}_{7}}=\frac{3}{7}$
c) $\frac{3}{5}=\frac{21}{35}$; $\frac{11}{6}=\frac{77}{42}$; $\frac{19}{33}=\frac{133}{231}$
d) kgV(6, 15, 18, 21) = 630
$\Rightarrow \frac{84}{630}; \frac{240}{630}; \frac{35}{630}; \frac{525}{630}$

4 a) $\frac{3}{4}\ell=\frac{3\cdot 250}{4\cdot 250}\ell=\frac{750}{1000}\ell=750\,\text{ml}$
$\frac{3}{5}\text{t}=\frac{3\cdot 200}{5\cdot 200}\text{t}=\frac{600}{1000}\text{t}=600\,\text{kg}$
$2\frac{5}{6}\text{h}=2\,\text{h}\;50\,\text{min}=170\,\text{min}$
$7\frac{5}{8}\text{kg}=\frac{61}{8}\text{kg}=\frac{61\cdot 125}{8\cdot 125}\text{kg}=\frac{7625}{1000}\text{kg}=7625\,\text{g}$
b) $250\,\text{g}=\frac{250}{1000}\text{kg}=\frac{1}{4}\text{kg}$;
$330\,\text{ml}=\frac{330}{1000}\ell=\frac{33}{100}\ell$;
$875\,\text{dm}=\frac{875}{10\,000}\text{km}=\frac{7}{80}\text{km}$;
$25\,\text{cm}^2=\frac{25}{10\,000}\text{m}^2=\frac{1}{400}\text{m}^2$

5 Hauptnenner: 140
$\frac{3}{5}\left(\frac{84}{140}\right)<\frac{9}{10}\left(\frac{126}{140}\right)<\frac{13}{14}\left(\frac{130}{140}\right)<\frac{9}{7}\left(\frac{180}{140}\right)<\frac{7}{4}\left(\frac{245}{140}\right)$

Test 2: Brüche addieren und subtrahieren — Seite 11

1 a) $\frac{11}{14}+\frac{9}{14}=\frac{11+9}{14}=\frac{20}{14}=\frac{10}{7}=1\frac{3}{7}$
b) $\frac{17}{18}-\frac{5}{18}=\frac{17-5}{18}=\frac{12}{18}=\frac{2}{3}$
c) $\frac{7}{8}+\frac{7}{12}=\frac{7\cdot 3}{8\cdot 3}+\frac{7\cdot 2}{12\cdot 2}=\frac{21}{24}+\frac{14}{24}=\frac{21+14}{24}=\frac{35}{24}$
$=1\frac{11}{24}$
d) $\frac{14}{15}-\frac{9}{10}=\frac{14\cdot 2}{15\cdot 2}-\frac{9\cdot 3}{10\cdot 3}=\frac{28}{30}-\frac{27}{30}=\frac{28-27}{30}=\frac{1}{30}$

2 a) $1\frac{4}{5}+3\frac{3}{5}=(1+3)+\left(\frac{4}{5}+\frac{3}{5}\right)=4+\frac{7}{5}=4+1\frac{2}{5}$
$=5\frac{2}{5}$
b) $3\frac{5}{7}-2\frac{3}{7}=(3-2)+\left(\frac{5}{7}-\frac{3}{7}\right)=1+\frac{2}{7}=1\frac{2}{7}$
c) $4\frac{1}{6}-2\frac{7}{9}=(4-2)+\left(\frac{3}{18}-\frac{14}{18}\right)=2+\left(-\frac{11}{18}\right)$
$=1+\frac{18}{18}-\frac{11}{18}=1\frac{7}{18}$
d) $5\frac{5}{12}-3\frac{7}{9}=\frac{65}{12}-\frac{34}{9}=\frac{195-136}{36}=\frac{59}{36}=1\frac{23}{36}$

3 a) $\frac{1}{2}\text{m}+10\,\text{cm}=\frac{50}{100}\text{m}+10\,\text{cm}$
$=50\,\text{cm}+10\,\text{cm}=60\,\text{cm}$
$=\frac{60}{100}\text{m}=\frac{3}{5}\text{m}$
b) $\frac{3}{4}\text{h}-25\,\text{min}=\frac{45}{60}\text{h}-25\,\text{min}$
$=45\,\text{min}-25\,\text{min}$
$=20\,\text{min}=\frac{20}{60}\text{h}=\frac{1}{3}\text{h}$
c) $4\frac{1}{4}\text{kg}-600\,\text{g}=\frac{4250}{1000}\text{kg}-600\,\text{g}$
$=4250\,\text{g}-600\,\text{g}=3650\,\text{g}$
$=3\frac{650}{1000}\text{kg}=3\frac{13}{20}\text{kg}$

4 $2\frac{4}{9}+6\frac{13}{15}-3\frac{1}{5}=(2+6)+\left(\frac{4}{9}+\frac{13}{15}\right)-3\frac{1}{5}$
$=8+\frac{20+39}{45}-3\frac{1}{5}$
$=8+\frac{59}{45}-3\frac{1}{5}$
$=8+1\frac{14}{45}-3\frac{1}{5}$
$=9\frac{14}{45}-3\frac{1}{5}$
$=(9-3)+\left(\frac{14}{45}-\frac{1}{5}\right)$
$=6+\left(\frac{14}{45}-\frac{9}{45}\right)=6+\frac{\cancel{5}^{1}}{\cancel{45}_{9}}=6\frac{1}{9}$

5 a)
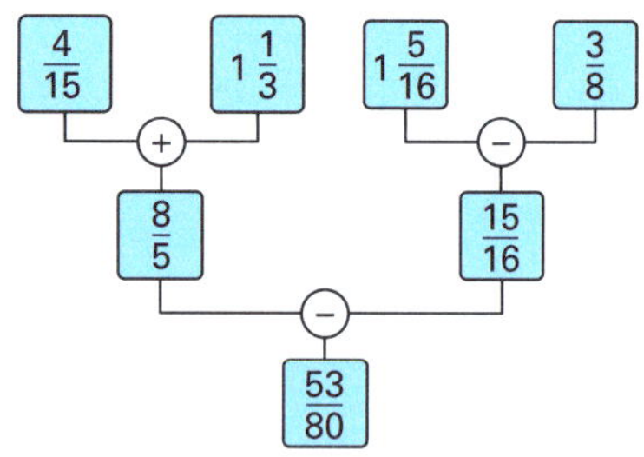

b)
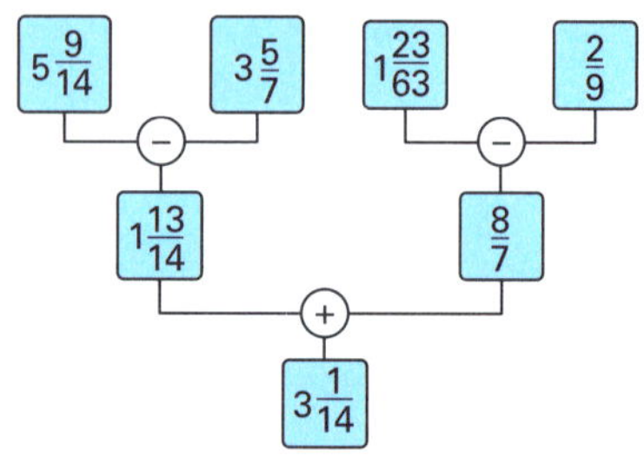

Test 3: Brüche multiplizieren und dividieren — Seite 12

1

	$\frac{3}{10}$	$\frac{8}{21}$	12	$2\frac{2}{35}$
$\frac{5}{6}$	$\frac{1}{4}$	$\frac{20}{63}$	10	$1\frac{5}{7}$
$1\frac{5}{9}$	$\frac{7}{15}$	$\frac{16}{27}$	$18\frac{2}{3}$	$3\frac{1}{5}$

2 1. Möglichkeit
$\left(2\frac{1}{2}:3\frac{5}{6}\right):4\frac{1}{3}=\left(\frac{5}{2}:\frac{23}{6}\right):\frac{13}{3}=\left(\frac{5}{\cancel{2}_{1}}\cdot\frac{\cancel{6}^{3}}{23}\right)\cdot\frac{3}{13}=\frac{15}{23}\cdot\frac{3}{13}$
$=\frac{45}{299}$

2. Möglichkeit
$2\frac{1}{2}:\left(3\frac{5}{6}:4\frac{1}{3}\right)=\frac{5}{2}:\left(\frac{23}{6}:\frac{13}{3}\right)=\frac{5}{2}:\left(\frac{23}{\cancel{6}_{2}}\cdot\frac{\cancel{3}^{1}}{13}\right)=\frac{5}{2}:\frac{23}{26}$
$=\frac{5}{\cancel{2}_{1}}\cdot\frac{\cancel{26}^{13}}{23}=\frac{65}{23}=2\frac{19}{23}$

Ich erhalte, je nachdem, wo ich die Klammern setze, unterschiedliche Ergebnisse:
$\frac{45}{299} \neq 2\frac{19}{23}$

3 Zunächst wird das Volumen berechnet:
$1\frac{3}{5} \cdot \frac{3}{4} \cdot \frac{2}{3} = \frac{8}{5} \cdot \frac{3}{4} \cdot \frac{2}{3} = \frac{8 \cdot 4 \cdot 2}{5 \cdot 4 \cdot 3} = \frac{2 \cdot 2}{5} = \frac{4}{5}\,\text{m}^3$
$\frac{4}{5}\,\text{m}^3 = \frac{4000}{5}\,\text{dm}^3 = 800\,\text{dm}^3 = 800\,\ell$
Zur Berechnung der Zeit muss man 800 ℓ durch $18\frac{3}{4}\,\frac{\ell}{\text{min}}$ teilen:
$800 : 18\frac{3}{4} = 800 : \frac{75}{4} = \frac{800 \cdot 4}{75} = \frac{32 \cdot 4}{3} = \frac{128}{3}$
$= 42\frac{2}{3}\,\text{min}$

4 a) richtig b) falsch $\frac{2}{3} \cdot 12 = 8$
c) falsch $15 : \frac{30}{4} = 2$ d) richtig
e) richtig f) falsch $2\frac{7}{8} : 5\frac{1}{4} = \frac{23}{42}$

Test 4: Aufgaben für Experten

Seite 13–14

1 $\frac{1}{8}$ der Gesamtfläche des Hofes:
$31\frac{1}{4}\,\text{ha} : 5 = \frac{125}{4}\,\text{ha} \cdot \frac{1}{5} = \frac{25}{4}\,\text{ha}.$
Gesamtfläche $= \frac{25}{4}\,\text{ha} \cdot 8 = 50\,\text{ha}.$
Die Gesamtfläche des Hofes sind 50 Hektar.

2 $\left(6\frac{1}{9} : \left(6\frac{1}{9} - 2\frac{3}{4}\right)\right) \cdot \left(\frac{9}{40} + \frac{3}{16}\right)$
$= \left(\frac{55}{9} : \left(\frac{55}{9} - \frac{11}{4}\right)\right) \cdot \frac{18 + 15}{80} = \left(\frac{55}{9} : \frac{220 - 99}{36}\right) \cdot \frac{33}{80}$
$= \left(\frac{55}{9} \cdot \frac{121}{36}\right) \cdot \frac{33}{80} = \frac{55 \cdot 36}{9 \cdot 121} \cdot \frac{33}{80} = \frac{5 \cdot 4}{1 \cdot 11} \cdot \frac{33}{80}$
$= \frac{20}{11} \cdot \frac{33}{80} = \frac{1 \cdot 3}{1 \cdot 4} = \frac{3}{4}$

3 Flächeninhalt der Pappe:
$1\frac{4}{5} \cdot 1\frac{1}{3} = \frac{9}{5} \cdot \frac{4}{3} = \frac{3 \cdot 4}{5 \cdot 1} = \frac{12}{5}\,\text{m}^2$
Flächeninhalt des Abfalls:
$4 \cdot \left(\frac{1}{4} \cdot \frac{1}{4}\right) = 4 \cdot \frac{1}{16} = \frac{4}{16} = \frac{1}{4}\,\text{m}^2$
Die Gesamtfläche der Pappe bildet den Nenner des Bruchterms, die Fläche des Abfalls den Zähler:
$\frac{\frac{1}{4}\,\text{m}^2}{\frac{12}{5}\,\text{m}^2} = \frac{1}{4} \cdot \frac{5}{12} = \frac{5}{48}$
Anwort: Aus der Pappe wurden $\frac{5}{48}$ herausgeschnitten.

4 a) Rauminhalt des Sandkastens:
$2\frac{2}{5}\,\text{m} \cdot 1\frac{7}{8}\,\text{m} \cdot \frac{45}{100}\,\text{m} = 2\frac{1}{40}\,\text{m}^3$
b) Umrechnung des Gewichts:
$1\frac{7}{10}\,\frac{\text{kg}}{\text{dm}^3} = 1\frac{7}{10} \cdot \frac{1000\,\text{kg}}{1000\,\text{dm}^3} = 1\frac{7}{10}\,\frac{\text{t}}{\text{m}^3}$
Rauminhalt der Lieferung:
$3\frac{1}{2}\,\text{t} : \left(1\frac{7}{10}\,\frac{\text{t}}{\text{m}^3}\right) = 2\frac{1}{17}\,\text{m}^3$
Ja, die geliefert Menge reicht aus, denn es gilt: $2\frac{1}{17}\,\text{m}^3 > 2\frac{1}{40}\,\text{m}^3.$
c) Umrechnung des Fassungsvermögens:
$150\,\ell = 150\,\text{dm}^3 = \frac{150}{1000}\,\text{m}^3 = \frac{3}{20}\,\text{m}^3$
Anzahl der Fahrten:
$2\frac{1}{40}\,\text{m}^3 : \frac{3}{20}\,\text{m}^3 = \frac{81}{40} \cdot \frac{20}{3} = \frac{27 \cdot 1}{2 \cdot 1} = 13\frac{1}{2}$
$\Rightarrow$ 14 Fahrten
Restmenge: $2\frac{1}{17}\,\text{m}^3 - 2\frac{1}{20}\,\text{m}^3 = \frac{3}{340}\,\text{m}^3;$
schätzen: $\frac{3}{340}\,\text{m}^3 < \frac{17}{340}\,\text{m}^3 = \frac{1}{20}\,\text{m}^3$
$\Rightarrow$ Es bleibt weniger als $\frac{1}{20}\,\text{m}^3$ Sand übrig.

Klassenarbeit Nr. 1

Seite 15–17

Falls nicht anders angegeben, gibt es für jede Teilaufgabe bzw. jeden Teilschritt einen Punkt.

1 a) $\frac{5}{15} = \frac{1}{3}$ b) $\frac{18}{49}$ c) $\frac{17}{64}$

2

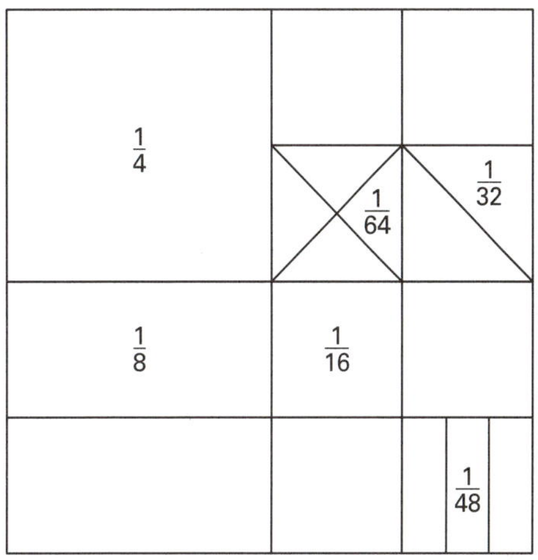

(Die Brüche können natürlich auch in anderen, gleich großen Teilflächen stehen.)
(je 0,5 P.)

3 a) $(300\,\text{g} : 12) \cdot 5 = 25\,\text{g} \cdot 5 = 125\,\text{g}$
b) $(245\,€ : 7) \cdot 4 = 35\,€ \cdot 4 = 140\,€$
c) $(640\,\text{km} : 8) \cdot 11 = 880\,\text{km}$

4 a) $\frac{11}{3} = 3\frac{2}{3}$ b) $\frac{25}{6} = 4\frac{1}{6}$ c) $\frac{49}{13} = 3\frac{10}{13}$
d) $4\frac{2}{7} = \frac{30}{7}$ e) $9\frac{7}{12} = \frac{115}{12}$ f) $13\frac{3}{11} = \frac{146}{11}$
(je 0,5 P.)

5 a) $\frac{2}{3} = \frac{14}{21}$ $\frac{4}{9} = \frac{28}{63}$ $\frac{15}{23} = \frac{105}{161}$
b) $\frac{28}{84} = \frac{1}{3}$ $\frac{21}{91} = \frac{3}{13}$ $\frac{51}{68} = \frac{3}{4}$
(je 0,5 P.)

6 Hauptnenner: 144 (0,5 P.)
$\Rightarrow \frac{1}{6}\left(\frac{24}{144}\right) < \frac{3}{16}\left(\frac{27}{144}\right) < \frac{2}{9}\left(\frac{32}{144}\right)$ (1 P.)
David bekommt am wenigsten, Hanna am meisten. (0,5 P.)

7 a) $\frac{2}{5} + \frac{3}{7} = \frac{14}{35} + \frac{15}{35} = \frac{29}{35}$
b) $\frac{2}{8} + \frac{1}{6} - \left(\frac{1}{12} + \frac{1}{3}\right) = \frac{6}{24} + \frac{4}{24} - \left(\frac{2}{24} + \frac{8}{24}\right) = 0$
c) $2\frac{3}{4} + 3\frac{2}{5} = 5 + \frac{3}{4} + \frac{2}{5} = 5 + \frac{15}{20} + 5\frac{23}{20} = 6\frac{3}{20}$

d) $7\frac{2}{9}-\left(3\frac{5}{27}-2\frac{3}{81}\right)=7\frac{18}{81}-3\frac{15}{81}+2\frac{3}{81}=6\frac{6}{81}$
$=6\frac{2}{27}$

8 a) $\frac{\cancel{2}^{1}}{\cancel{9}_{1}}\cdot\frac{\cancel{27}^{\cancel{3}^{1}}}{\cancel{36}_{\cancel{12}_{6}}}=\frac{1}{6}$ b) $\frac{\cancel{4}^{1}}{7}\cdot\frac{3}{1}\cdot\frac{1}{\cancel{8}_{2}}=\frac{3}{14}$

c) $\frac{25}{78}:\frac{75}{13}=\frac{\cancel{25}^{1}}{\cancel{78}_{6}}\cdot\frac{\cancel{13}^{1}}{\cancel{75}_{3}}=\frac{1}{18}$

d) $1\frac{13}{14}:4\frac{2}{7}=\frac{27}{14}:\frac{30}{7}=\frac{\cancel{27}^{9}}{\cancel{14}_{2}}\cdot\frac{\cancel{7}^{1}}{\cancel{30}_{10}}=\frac{9}{20}$

9 a) $V=1\frac{1}{5}\,\text{m}\cdot 2\,\text{m}\cdot 1\frac{3}{4}\,\text{m}=\frac{6}{5}\,\text{m}\cdot 2\,\text{m}\cdot\frac{7}{4}\,\text{m}$
$=\frac{21}{5}\,\text{m}^3$

b) Masse des Ausgangsquaders:
$\frac{4}{5}\frac{\text{g}}{\text{cm}^3}\cdot\frac{21}{5}\,\text{m}^3=\frac{4}{5}\frac{\text{g}}{\text{cm}^3}\cdot 4\,200\,000\,\text{cm}^3$
$=3\,360\,000\,\text{g}=3360\,\text{kg}$
Masse der beiden Würfel:
$\frac{4}{5}\frac{\text{g}}{\text{cm}^3}\cdot(25\,\text{cm}\cdot 25\,\text{cm}\cdot 25\,\text{cm})\cdot 2$
$=\frac{4}{5}\frac{\text{g}}{\text{cm}^3}\cdot 31\,250\,\text{cm}^3=25\,000\,\text{g}=25\,\text{kg}$
1 % von 3360 kg $=\frac{1}{100}\cdot 3360\,\text{kg}=33{,}6\,\text{kg}$
25 kg < 33,6 kg
Lars hat also Recht!

30–26 Punkte	25–15 Punkte	14–0 Punkte
Super!	In Ordnung!	Bitte noch einmal üben!

Kapitel 2: Rechnen mit Dezimalbrüchen

Test 1: Umrechnen, vergleichen und runden   Seite 22

1 a) 2,445 < 2,454
b) 0,2100036 < 0,2100360
c) 0,8900 > $\frac{89}{1000}$
d) 0,375 = $\frac{3}{8}$

2 a) $0{,}48=\frac{48}{100}=\frac{12}{25}$;
$1{,}346=1\frac{346}{1000}=1\frac{173}{500}$;
$3{,}0025=3\frac{25}{10000}=3\frac{1}{400}$;
$0{,}626000=0{,}626=\frac{626}{1000}=\frac{313}{500}$

b) $\frac{4}{5}=0{,}8$ $\frac{3}{8}=0{,}375$
$4\frac{12}{50}=4\frac{24}{100}=4{,}24$ $11\frac{7}{20}=11\frac{35}{100}=11{,}35$

3 a) $1:6=0{,}1\overline{6}$
```
1 : 6 = 0,16̄
1 0
- 6
  4 0
- 3 6
    4 0
```
b) $4:9=0{,}\overline{4}$
```
4 : 9 = 0,4̄
4 0
- 3 6
    4
```
c) $2:7=0{,}\overline{285714}$
```
2 : 7 = 0,285714
2 0
- 1 4
    6 0
  - 5 6
      4 0
    - 3 5
      5 0
    - 4 9
      1 0
      - 7
        3 0
      - 2 8
          2
```

4 a) 0,33 und 0,37
b) 2,259 und 2,266
c) 0,16 und 0,36

5 a) 2,987 b) 2,99 c) 3,0 d) 2,9875

6 a) 4,2 und 4,3
b) 4 und 5
c) 4,232 und 4,234
d) 4,23299 und 4,23301

Test 2: Addieren und subtrahieren   Seite 23

1 a) 2,4 + 1,3 = 3,7
b) 5,6 + 2,8 = 8,4
c) 3,05 + 7,12 = 10,17
d) 0,203 + 1,440 = 1,643
e) 6,6 – 2,3 = 4,3
f) 1,68 – 0,55 = 1,13
g) 5,26 – 3,99 = 1,27
h) 25,12 – 23,105 = 2,015

2 a)
```
    7,460
+ 23,551
+  0,402
    1 1 1
---------
  31,413
```
b)
```
  125,244
-  83,178
  1    1 1
---------
   42,066
```
c)
```
   2,880
+ 12,067
     1
--------
  14,947
```
```
  48,201
- 14,947
   1 1 1
--------
  33,254
```

3 0,25 kg + 1 kg + 0,5 kg + 0,125 kg + 2,75 kg
= 4,625 kg = 4625 g

4 a)
```
  1350,00
    46,30
   132,70
+   83,79
   2 1 1
---------
  1612,79
```
Es wurden insgesamt 1612,79 € abgebucht.

b)
```
  1850,00
+  558,00
  1 1
---------
  2408,00
```
```
  2408,00
- 1612,79
  1 1  1 1
---------
   795,21
```

Familie Yilmaz macht im Mai ein Plus von 795,21 €.

```
  2 2 8 5, 2 1
−   7 9 5, 2 1
    1 1
  1 4 9 0, 0 0   Kontostand Anfang Mai
```

Test 3: Multiplizieren und dividieren

Seite 24

1

·	6	0,5	(260 : 2 = 130) ② 130	(168 : 14 = 12) ③ 1,2
0,8	(8 · 6 = 48) 4,8	(8 · 5 = 40) 0,4	(8 · 130 = 1040) 104	(8 · 12 = 96) 0,96
(84 : 6 = 14) ① 1,4	8,4	(14 · 5 = 70) 0,7	(14 · 13 = 182) 182	1,68
0,02	(2 · 6 = 12) 0,12	(2 · 5 = 10) 0,01	2,6	(2 · 12 = 24) 0,024

Hinweis: In den Klammern sind die Hilfestellungen fürs Kopfrechnen angegeben. Die Ziffern ① → ② → ③ geben dir an, in welcher Reihenfolge vorzugehen ist, um dann auch alles rechnen zu können!

2

a)
```
0, 8 2 · 2, 7 5
  1 6 4
    5 7 4
      4 1 0
  1 1
2, 2 5 5 0
≈ 2, 2 6
```

b)
```
1 3, 9 0 8 · 0, 4 7
  5 5 6 3 2
    9 7 3 5 6
  1 1
  6, 5 3 6 7 6
≈ 6, 5 4
```

c)
```
        0, 0 9 5 · 0, 0 0 5 6 2
            4 7 5
              5 7 0
                1 9 0
            1 1
  0, 0 0 0 5 3 3 9 0
≈ 0, 0 0 0 5 3
```

3

a)
```
  5, 4 4 8 : 1 2 = 0, 4 5 4
  5 4             ≈ 0, 4 5
− 4 8
    6 4
  − 6 0
      4 8
    − 4 8
        0
```

b)
```
2, 7 6 9 6 : 1, 2
   ↓           ↓
  2 7, 6 9 6 : 1 2 = 2, 3 0 8
− 2 4                ≈ 2, 3 1
    3 6
  − 3 6
      0 9 6
    −   9 6
          0
```

c)
```
0, 7 0 7 : 0, 1 1
   ↓          ↙
  7 0, 7 : 1 1 = 6, 4 2 7 2 7 ... = 6,4 ̅2̅7
− 6 6                            ≈ 6, 4 3
    4 7
  − 4 4
      3 0
    − 2 2
        8 0
      − 7 7
          3 0 ...
```

4 a) Fläche des Rechtecks: A = l · b
12,8 cm · 3,7 cm = 47,36 cm²

b) Ebenfalls 47,36 cm², denn das Parallelogramm hat dieselbe Länge und Breite (Höhe) wie das Rechteck aus Teilaufgabe a).

Test 4: Aufgaben für Experten

Seite 25–26

1

a) (2,48 + 6,152) · (7,93 − 6,45) =
```
  2,4 8          7, 9 3
+ 6,1 5 2      − 6, 4 5
    1                1
  8,6 3 2        1, 4 8

   8, 6 3 2 · 1, 4 8
       8 6 3 2
       3 4 5 2 8
         6 9 0 5 6
       1 1     1
   1 2, 7 7 5 3 6
```

2

a)
```
  1 : 9 = 0, 1 1 ... = 0,1̅
  1 0
−   9
    1 0 ...

  4 : 9 = 0, 4 4 ... = 0,4̅
  4 0
− 3 6
    4 0 ...

  7 : 9 = 0, 7 7 ... = 0,7̅
  7 0
− 6 3
    7 0 ...

  1 : 9 9 = 0, 0 1 0 1 ... = 0,0̅1̅
  1 0 0
−   9 9
    1 0 0 ...
```

($0{,}\overline{1}$; $0{,}\overline{4}$; $0{,}\overline{7}$; $0{,}\overline{01}$)

$5 : 99 = 0,0505\ldots = 0,\overline{05}$

```
  5 : 99 = 0,0505...
  500
 −495
    500
```

$43 : 99 = 0,4343\ldots = 0,\overline{43}$

```
  43 : 99 = 0,4343...
  430
 −396
   340
  −297
    430...
```

b) Echte Brüche mit dem Nenner 9 bzw. 99 führen auf periodische Dezimalbrüche, deren Periode aus dem Zähler des Bruches gebildet wird.

c) $0,\overline{5} = \frac{5}{9}$; $0,\overline{13} = \frac{13}{99}$; $0,\overline{35} = \frac{35}{99}$; $0,\overline{8} = \frac{8}{9}$; $0,\overline{98} = \frac{98}{99}$

3 a) 28000 : 100 = 280;

Gesamtverbrauch: Gesamtpreis:

```
280 · 6,9 ℓ
  1680
   2520
    1
  1932,0 ℓ
```

```
1932 ℓ · 1,49 €/ℓ
      1932
       7728
       17388
     11   1
      2878,68
```

Hr. Meyer müsste 2878,68 € für Benzin bezahlen.

b) Verbrauch 1:

```
142 · 6,9 ℓ
    852
    1278
    979,8 ℓ
```

```
  28000
 −14200
    1
  13800
```

Kosten 1:

```
979,8 ℓ · 1,49 €/ℓ
        9798
         39192
          88182
      1 1 1 1 1
      1459,902 €
```

Verbrauch 2:

```
138 · 6,9 ℓ
    828
    1242
     1
    952,2 ℓ
```

Kosten 2:

```
952,2 ℓ · 1,55 €/ℓ
        9522
         47610
          47610
      1 1 1
      1475,91 €
```

Gesamtkosten:

```
   1459,902
 + 1475,91
    1 1 1
   2935,812 € ≈ 2935,81 €
```

Mehrkosten:

```
   2935,81
 − 2878,68
    1 1  1
     57,13
```

Hr. Meyer müsste 57,13 € mehr bezahlen als kalkuliert.

4 a) Dividiert man beispielsweise durch 5 kann es höchstens 4 (1, 2, 3, 4) verschiedene Reste geben, bei einer Division durch 7 entsprechend nur 6. Allgemein gilt also: Bei der Division a : b können höchstens b − 1 verschiedene Divisionsreste auftreten, sodass sich spätestens nach b − 1 Schritten eine Wiederholung einstellen muss. Daher kann sich die Periode, falls sie schon mit der ersten Dezimale einsetzt, höchstens über b − 1 Dezimalstellen erstrecken.

b) Nein! – Diese unendliche Dezimalzahl ist zwar regelmäßig, aber dennoch nicht periodisch. Deshalb kann sie auch nicht das Ergebnis einer Bruchumwandlung sein.

Klassenarbeit Nr. 2 — Seite 27–29

Falls nicht anders angegeben, gibt es für jede Teilaufgabe bzw. jeden Teilschritt einen Punkt.

1 a) $4,5269 < 4,5271$ b) $0,59 > \frac{27}{50}$

c) $\frac{2}{3} = 0,\overline{6}$ d) $5,7676 < 5\frac{76}{99}$

(je 0,5 P.)

2 a) $0,12 = \frac{12}{100} = \frac{3}{25}$; $1,725 = 1\frac{725}{1000} = 1\frac{29}{40}$; $0,\overline{67} = \frac{67}{99}$

b) $\frac{13}{25} = \frac{52}{100} = 0,52$; $\frac{81}{300} = \frac{27}{100} = 0,27$; $\frac{13}{8} = 1\frac{5}{8} = 1\frac{625}{1000} = 1,625$

3 a) x = 1,28 b) x = 9,84 c) x = 0,052

4 a)

```
37 · 2,54
     74
     185
      148
     93,98 cm
```

```
40 · 2,54
     80
     200
      160
    101,6 cm
```

```
46 · 2,54
     92
     230
      184
    116,84 cm
```

b) 93,98 cm ≈ 94 cm
101,6 cm ≈ 102 cm
116,84 cm ≈ 117 cm
Die Angaben sind also korrekt.
(a) und b) je 0,5 P.)

5

```
  78,5 : 25 = 3,14
 -75
   35
  -25
   100
  -100
     0

  62,8 : 20 = 3,14
 -60
   28
  -20
    80
   -80
     0

  47,1 : 15 = 3,14
 -45
   21
  -15
    60
   -60
     0
```

Pascal hat tatsächlich etwas „Besonderes" herausgefunden, das aber nicht nur sein Geschirr betrifft: Teilt man den Umfang eines Kreises durch seinen Durchmesser, erhält man immer die gleiche Zahl, ungefähr 3,14. Diese sogenannte „Kreiszahl" kennt man seit Jahrtausenden, sie heißt Pi (π). Man hat bewiesen, dass es sich um eine Dezimalzahl handelt, die nie abbricht und nicht periodisch ist. Dank modernster Computertechnik kennt man schon 5 Billionen (5 000 000 000 000) Dezimalen.

6 a) Da die beiden Wohnungen unterschiedlich groß sind, muss man den Mietpreis (WM) pro m^2 ausrechnen. (1 P.)

b) Wohnung 1:
440 € + 80 € = 520 € (1 P.)

```
  520 : 62 = 8,387...
 -496
   240
  -186
    540
   -496
     440
    -434
       6
```

(1 P.)

Wohnung 2:

```
  690 : 84 = 8,214...
 -672
   180
  -168
    120
   - 84
     360
    -336
      24
```

(1 P.)

Die zweite Wohnung kostet ca. 8,21 €/m^2 und ist damit etwas günstiger als die erste (ca. 8,39 €/m^2) (1 P.)

8 a) Eintritt: $34 \cdot 5{,}7 = 193{,}8$
193,8 € + 2 · 7,5 € = 208,80 € (1 P.)
Fahrt: Da insgesamt 36 Personen fahren, muss Hr. Fischer 8 Gruppenkarten kaufen. 8 · 39 = 312 €. (1 P.)
Der Bus ist also etwas billiger! (1 P.)
Gesamtkosten:
208,80 € + 300 € = 508,80 €. (1 P.)
Preis pro Schüler: 508,80 : 34 ≈ 14,96 (1 P.)
Jeder Schüler muss 14,96 € bezahlen.

b) Da ein Schüler fehlt, sind es noch 35 Personen, es reichen also 7 Gruppenkarten. (1 P.)
7 · 39 = 273 €. (1 P.)
In diesem Fall würde es sich lohnen, den Zug zu nehmen, vorausgesetzt Hr. Fischer kann den Bus ohne Stornogebühr abbestellen. (1 P.)

30–26 Punkte	25–15 Punkte	14–0 Punkte
Super!	In Ordnung!	Bitte noch einmal üben!

Kapitel 3: Rationale Zahlen

Test 1: Addition und Subtraktion

Seite 33

1 a) 9; 0; $\frac{18}{9} = 2$

b) 9; $-\frac{12}{4} = -3$; −7; 0; $\frac{18}{9} = 2$

c) 2,1; $-\frac{4}{3}$; 3,2; −6,9; −0,01

d) $-7 < -6{,}9 < -\frac{12}{4} = -3 < -\frac{4}{3} = -1\frac{1}{3}$
$< -0{,}01 < 0 < \frac{18}{9} = 2 < 2{,}1 < 3{,}2 < 9$

2 a) richtig
b) falsch, es muss heißen $|6{,}4| = 6{,}4$
c) richtig
d) richtig
e) falsch $-2{,}1765 < 2{,}1567$
f) unvollständig, x kann auch 13 sein, denn $|13| = 13$

3 a)

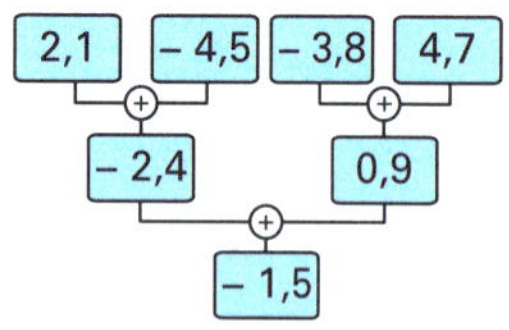

b)

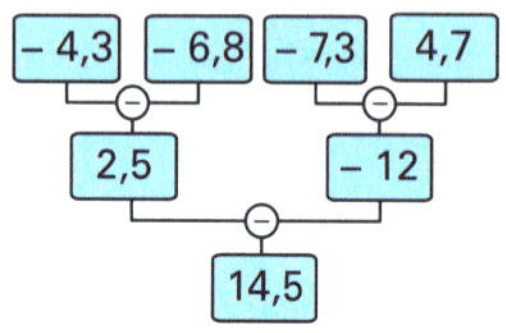

4

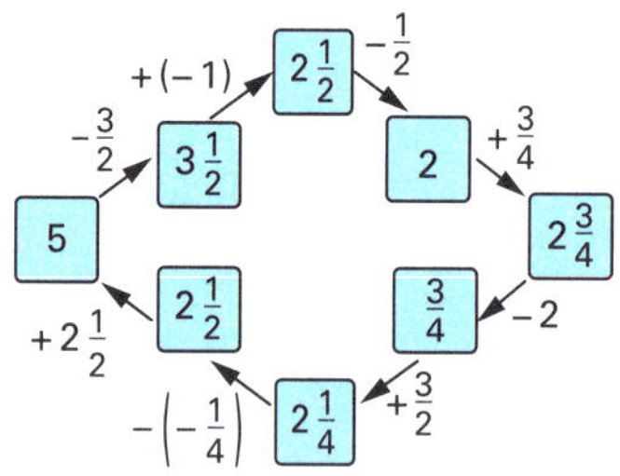

Test 2: Multiplikation und Division

Seite 34

1 a) $2{,}4\cdot(-3{,}1) = -(2{,}4\cdot 3{,}1) = -7{,}44$

b) $\left|-\frac{3}{7}\right|\cdot\left|-\frac{21}{15}\right| = \frac{3}{7}\cdot\frac{21}{15} = \frac{3}{5}$

c) $(-3{,}6):\frac{2}{5} = -\left|3{,}6:\frac{2}{5}\right| = -\left|3{,}6:\frac{4}{10}\right|$

$= -(3{,}6:0{,}4) = -9$

d) $\left|-1\frac{1}{6}\right|:\left|-\frac{14}{24}\right| = 1\frac{1}{6}:\frac{14}{24} = \frac{7}{6}:\frac{14}{24} = \frac{7}{6}\cdot\frac{24}{14} = 2$

2 a) $2{,}5\cdot(-4) = -10$

b) $(-2)\cdot|-3{,}8| = -7{,}6$

c) $-\frac{2}{9}\cdot\frac{3}{2} = -\frac{1}{3}$

d) $\frac{4}{-5}:2 = -\frac{2}{5}$

e) $\frac{-5}{12}\cdot\frac{2}{-15} = \frac{1}{18}$

f) Es gibt keine solche Zahl, da der Betrag einer Zahl immer positiv ist und das Produkt mit einer negativen Zahl somit nie positiv sein kann.

3 a) $(7{,}4-3{,}2)\cdot(-1{,}6)$

$= 4{,}2\cdot(-1{,}6)$

$= -(4{,}2\cdot 1{,}6)$

$= -6{,}72$

b) $(4{,}1+(-2{,}7)):0{,}7$

$= +(4{,}1-2{,}7):0{,}7$

$= (1{,}4):0{,}7 = 2$

c) $(4{,}2-5{,}9)\cdot(3{,}1+(-6{,}4))$

$= (4{,}2+(-5{,}9))\cdot(-(6{,}4-3{,}1))$

$= (-(5{,}9-4{,}2))\cdot(-3{,}3)$

$= (-1{,}7)\cdot(-3{,}3)$

$= 1{,}7\cdot 3{,}3 = 5{,}61$

4 a) $-5\cdot(2+6) = -10 + (-30)$

b) $-4\cdot(5+9) = -20 + (-36)$

c) $(12-8):(-4) = -3 + 2$

d) $(14+(-21)):(-7) = (-2) + 3 = 1$

5 a) $a = -5;\ b = 3$

$4\cdot(-5) - 3\cdot 3$

$= -20 - 9$

$= -20 + (-9)$

$= -(20 + 9)$

$= -29$

b) $a = -3{,}2;\ b = -5{,}7$

$4\cdot(-3{,}2) - 3\cdot(-5{,}7)$

$= -12{,}8 - (-17{,}1)$

$= -12{,}8 + 17{,}1$

$= (17{,}1 - 12{,}8)$

$= 4{,}3$

Test 3: Aufgaben für Experten

Seite 35

1 a)

0,3	–1,5	2	0,8
–0,5	1,2	–0,5	0,2
–0,8	0,3	1	0,5
–1	0	2,5	1,5

b)

0,2	–5	1	–1
–10	0,1	$\frac{4}{2}$	–2
$-\frac{1}{2}$	–4	$-\frac{3}{6}$	–1
1	2	–1	–2

2 a) $-2\cdot(3-6\cdot(+0{,}5)-4)+2$

$= -2\cdot(3-3-4)+2$

$= -2\cdot(-4)+2$

$= 8+2 = 10$

b) $((7{,}4+3):2-3{,}2)\cdot\left(-\frac{2}{3}\right)$

$= (10{,}4:2-3{,}2)\cdot\left(-\frac{2}{3}\right)$

$= (5{,}2-3{,}2)\cdot\left(-\frac{2}{3}\right)$

$= 2\cdot\left(-\frac{2}{3}\right) = -\frac{4}{3} = -1\frac{1}{3}$

c) $\frac{1}{4}\cdot\left(\frac{1}{2}-\frac{2}{3}\cdot\frac{9}{4}-(-2)\right)+5{,}75$

$= \frac{1}{4}\cdot\left(\frac{1}{2}-\frac{3}{2}-(-2)\right)+5{,}75$

$= \frac{1}{4}\cdot(-1-(-2))+5{,}75$

$= \frac{1}{4}\cdot(-1+2)+5{,}75$

$= \frac{1}{4}\cdot 1+5{,}75 = 0{,}25+5{,}75 = 6$

3 a) $-3\cdot(2+5)+7 = -3\cdot 7+7 = -21+7 = -14$

b) $-3\cdot(2+5+7) = -3\cdot(14) = -42$

c) $(4-2{,}5)\cdot(3-5) = (1{,}5)\cdot(-2) = -3$

d) $2\cdot(4-(2{,}5\cdot 4))+12$

$= 2\cdot(4-10)+12$

$= 2\cdot(-6)+12$

$= -12+12 = 0$

4 Da man zunächst ausrechnen muss, was Herrn Weizenfeld überhaupt noch von seinem Anteil zum Eisessen übrig bleibt, muss man alle seine Ausgaben in eine Klammer setzen. Die Rechnung sieht dann so aus:

(500 €: 2 – 50 € – 60 €): 32
= (250 € – 50 € – 60 €): 32
= 140 €: 32
= 4,375 €.
Antwort: Er sollte nicht mehr als 4,37 € pro Schüler ausgeben.

Klassenarbeit Nr. 3 — Seite 36–37

Falls nicht anders angegeben, gibt es für jede Teilaufgabe bzw. jeden Teilschritt einen Punkt.

1 Die Zahl –3 gehört zu den rationalen und ganzen Zahlen, aber nicht zu den natürlichen. Zwei rationale Zahlen mit gleichen Vorzeichen werden addiert, indem man die Beträge addiert und das Ergebnis erhält das gemeinsame Vorzeichen. Wenn man zwei rationale Zahlen mit gleichem Vorzeichen multipliziert, ist das Ergebnis positiv.
(je 0,5 P.)

2 Die nur rationalen Zahlen aufsteigend sortiert sind: $-6{,}9 < -3{,}5 < -2{,}01 < -\frac{14}{8}\ (= -1{,}75) < \frac{9}{10} < 1{,}5 < 3\frac{1}{6} < 5{,}1$
Lösungswort: DEZIMALE
(richtige Zahlen 1 P.; Lösungswort 2 P.)

3 a) $9{,}1 + (-7{,}8) = +(9{,}1 - 7{,}8) = 1{,}3$
b) $-\frac{11}{2} - \frac{3}{4} = -\left(\frac{11}{2} + \frac{3}{4}\right) = -\left(\frac{22}{4} + \frac{3}{4}\right) = -\frac{25}{4} = -6\frac{1}{4}$
c) $-3{,}6 - (-4{,}5)$
$= -3{,}6 + 4{,}5 = +(4{,}5 - 3{,}6) = 0{,}9$
d) $(-6{,}2) \cdot 1{,}4 = -(6{,}2 \cdot 1{,}4) = -8{,}68$
e) $\left(-3\frac{1}{8}\right) \cdot \left(-\frac{4}{5}\right) = \frac{25}{8} \cdot \frac{4}{5} = \frac{5}{2} = 2\frac{1}{2}$
f) $\left(5\frac{1}{7}\right) : \left(-\frac{12}{21}\right) = -\left(\frac{36}{7} : \frac{12}{21}\right) = -\left(\frac{36}{7} \cdot \frac{21}{12}\right) = -9$

4 a) $13{,}4 - 4{,}2 \cdot 3 - 0{,}7$
$= 13{,}4 - 12{,}6 - 0{,}7$ (Punkt vor Strich)
$= (13{,}4 - 12{,}6) - 0{,}7 = 0{,}8 - 0{,}7 = 0{,}1$
b) $22{,}5 - (16{,}1 - 9{,}8) - 3{,}1$
$= 22{,}5 - (6{,}3) - 3{,}1$ (Klammer zuerst)
$= (22{,}5 - 6{,}3) - 3{,}1 = 16{,}2 - 3{,}1 = 13{,}1$
c) $4{,}5 + (3{,}1 - 2{,}3) \cdot 2{,}5 - 4$
$= 4{,}5 + (0{,}8) \cdot 2{,}5 - 4$ (Klammer vor Punkt)
$= 4{,}5 + 2 - 4 = 6{,}5 - 4 = 2{,}5$

5 a) Zunächst muss man von den Einnahmen alle Ausgaben abziehen und den dann erhaltenen Reingewinn verdreifachen. Diese Reihenfolge kann man gut mit einer Klammer erreichen.
$(65{,}8 - 18{,}2 - 15) \cdot 3$
$= (47{,}6 - 15) \cdot 3$
$= 32{,}6 \cdot 3 = 97{,}8$
Die drei können also 97,8 € spenden. (2 P.)
b) Hier muss man mit zwei verschachtelten Klammern arbeiten. Eine braucht man für die Differenz die mit 5 multipliziert wird, also $(7{,}2 - 3{,}8) \cdot 5$. Je eine weitere dafür, dass noch 8 addiert und das ganze am Schluss durch 10 dividiert werden muss. Insgesamt sieht die Rechnung dann so aus:
$((7{,}2 - 3{,}8) \cdot 5 + 8) : 10$
$= (3{,}4 \cdot 5 + 8) : 10$
$= (17 + 8) : 10$
$= 25 : 10 = 2{,}5$
Mara hat also eine 2,5 geschrieben. (4 P.)

6 a)
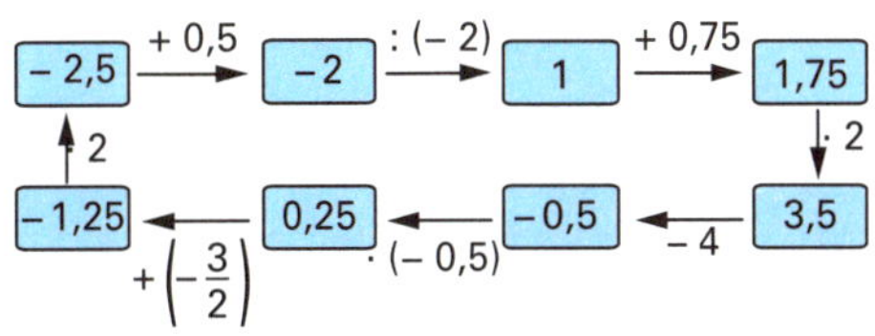

b)
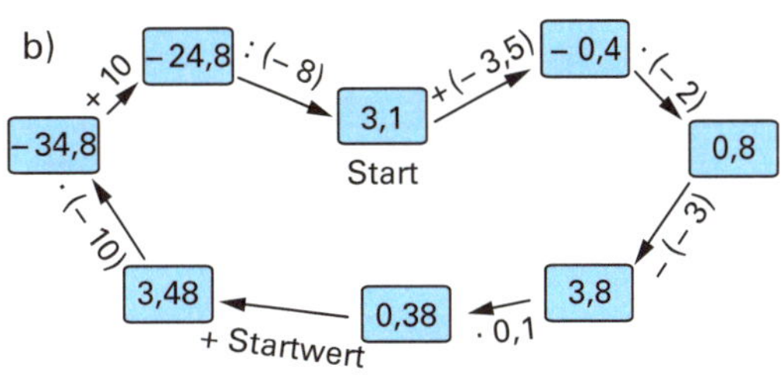

(je 0,5 P. plus 0,5 P. für Kontrolle des Startwerts)

30–26 Punkte	25–15 Punkte	14–0 Punkte
Super!	In Ordnung!	Bitte noch einmal üben!

Kapitel 4: Kreise und Winkel

Test 1: Kreise — Seite 42–43

1 a) Innerhalb von K_1 liegen: B, H, J, L;
auf K_1 liegen: A, G, K, M;
außerhalb von K_1 liegen: C, D, E, F, N.
b) (1) H, J; (2) K, G; (3) L; (4) E; (5) C, N;
Zu (1): Die Schnittmenge von K_1 und K_2 enthält alle Punkte, deren Abstände von den Mittelpunkten kleiner sind als die Kreisradien.

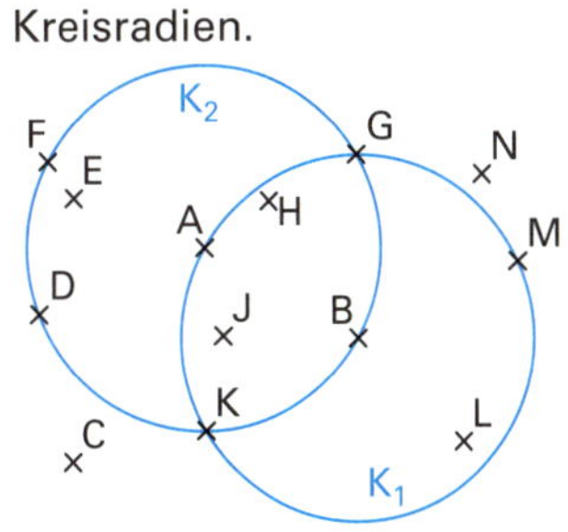

Zu (2): Gemeint sind die beiden Schnittpunkte der Kreislinien.
Zu (3): Gemeint sind alle Punkte innerhalb von K_1 und außerhalb von K_2.
Zu (4): Gemeint sind alle Punkte innerhalb von K_2 und außerhalb von K_1.
Zu (5): Gemeint sind alle Punkte außerhalb von K_1 und K_2.

2 Alle Punkte des farbigen Kreisrings liegen weiter als r_1, aber nicht so weit wie r_2 von M entfernt.

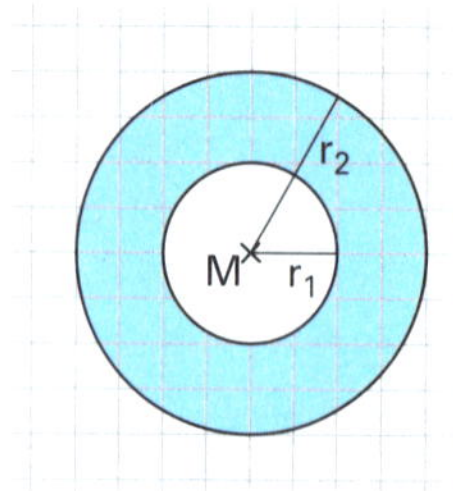

3 a) Wenn der Kreis g tangiert, dann ist h eine Sekante und k eine Sekante.
b) Wenn der Kreis h tangiert, dann ist g eine Passante und k eine Passante.
c) Wenn der Kreis k tangiert, dann ist g eine Passante und h eine Sekante.
d) Aus den Aussagen a) bis c) ergibt sich, dass die Gerade h den geringsten und die Gerade g den größten Abstand zu M hat.

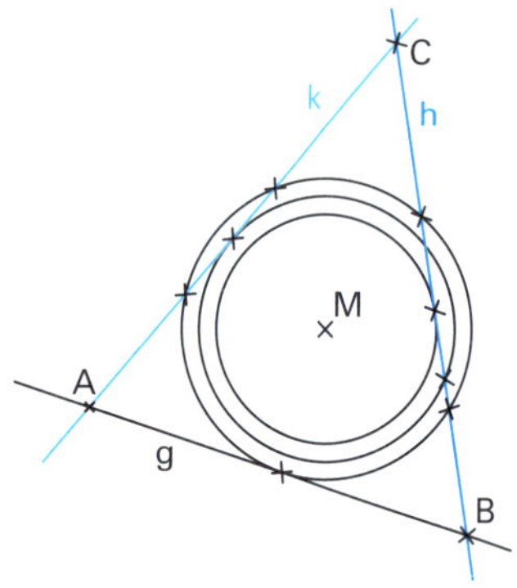

4 Beispielhafte Lösung:
Alle Punkte der farbigen Fläche liegen innerhalb des Kreises, also nicht weiter als r von M entfernt. Gleichzeitig liegen sie auf den von M abgewandten Seiten von s_1 und s_2.

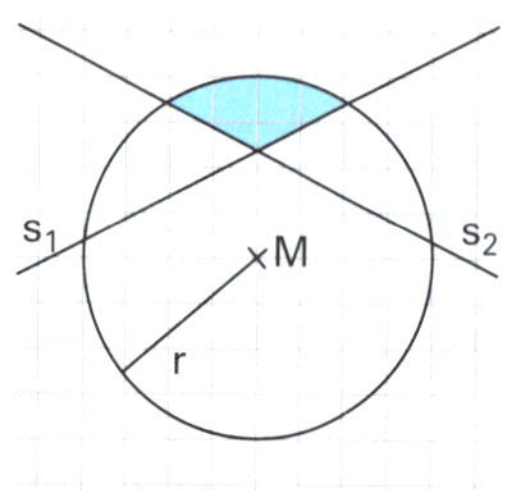

Test 2: Winkel und Winkelarten **Seite 44**

1 a) spitzer Winkel;
α, $\measuredangle(s_1, s_2)$, $\measuredangle(ASB)$
b) stumpfer Winkel;
β, $\measuredangle(g, h)$, $\measuredangle(QPR)$
c) überstumpfer Winkel;
γ, $\measuredangle(g, s)$, $\measuredangle(XAK)$

2 Bei b) und c) individuelle Lösungen möglich.

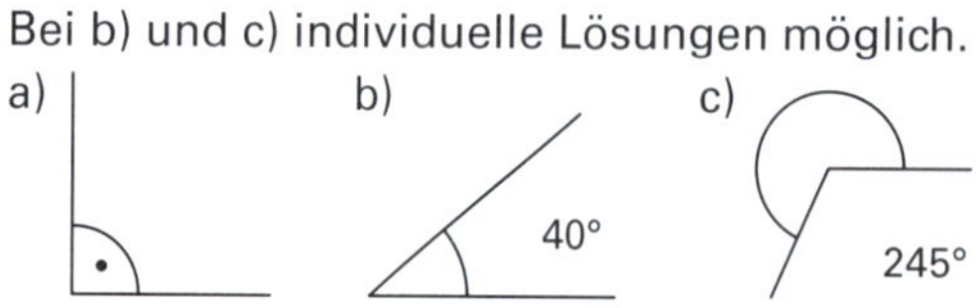

3 a) $\beta = 45° + 135° = 180°$; gestreckter Winkel
b) $\gamma = 2 \cdot 45° = 90°$; rechter Winkel
c) $\delta = 4 \cdot 45° - 30° = 150°$; stumpfer Winkel

4 $\alpha = 180° - 46° = 134°$
$\beta = 46°$
$\gamma = 134°$

5 $\delta = 37°$ (Scheitelwinkel)
$\beta = 37°$ (Wechselwinkel)
$\alpha = 180° - 37° = 143°$
$\gamma = 180° - 37° - 63° = 80°$
$\varepsilon = 80°$ (Wechselwinkel von γ)

Test 3: Winkel messen und zeichnen

Seite 45

1

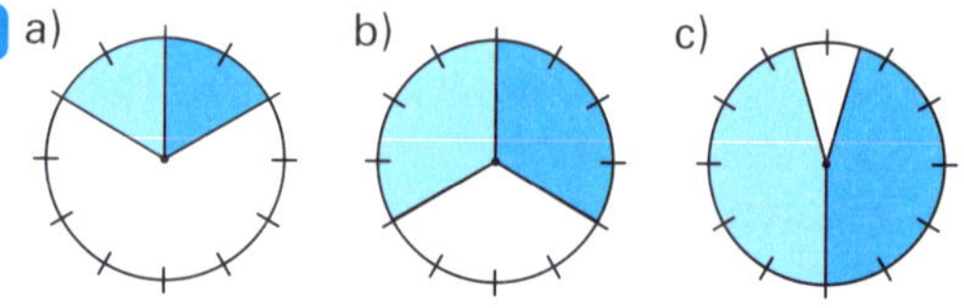

a) 2:00 Uhr oder 10:00 Uhr
b) 4:00 Uhr oder 8:00 Uhr
c) 12:30 Uhr oder 11:30 Uhr

Hinweis: Jeder Teilstrich auf der Skala einer Uhr entspricht einem Winkel von $360° : 12 = 30°$. Natürlich wird jeder der drei Winkel von den beiden Zeigern während *jeder* Stunde einmal gebildet, allerdings lassen sich nur die gezeigten Positionen zur vollen bzw. halben Stunde ohne größeren Rechenaufwand bestimmen.

2

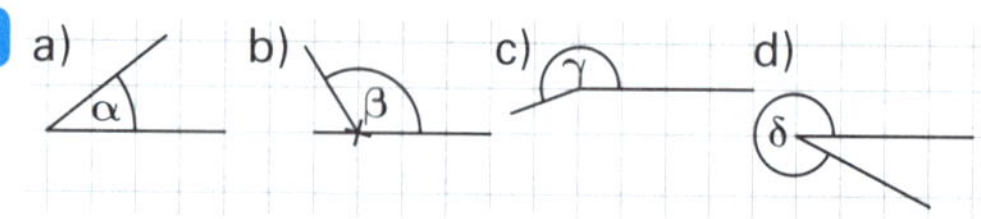

a) spitzer Winkel b) stumpfer Winkel
c) und d) überstumpfer Winkel

3 $\alpha = 25°$ $\beta = 43$ $\gamma = 43°$ $\delta = 249°$
Winkelsumme: $25° + 43° + 43° + 249° = 360°$

4 a) $\alpha = \measuredangle(BAC) = 60°$; $\beta = \measuredangle(CBA) = 50°$;
$\gamma = \measuredangle(ACB) = 70°$

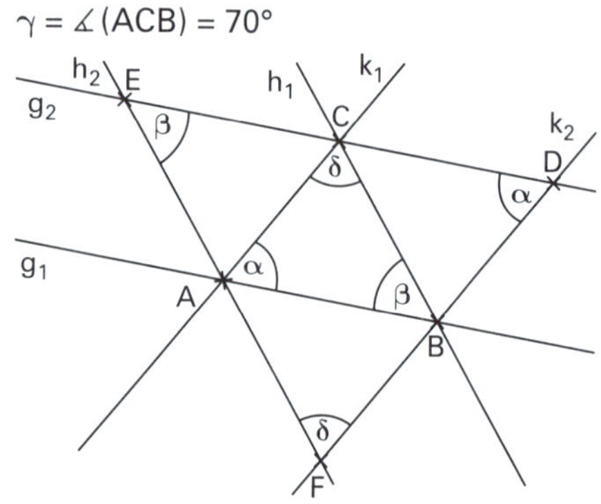

b) $\measuredangle(EDF) = \alpha = 60°$; $\measuredangle(FED) = \beta = 50°$;
$\measuredangle(DFE) = \gamma = 70°$

Test 4: Aufgaben für Experten **Seite 46**

1

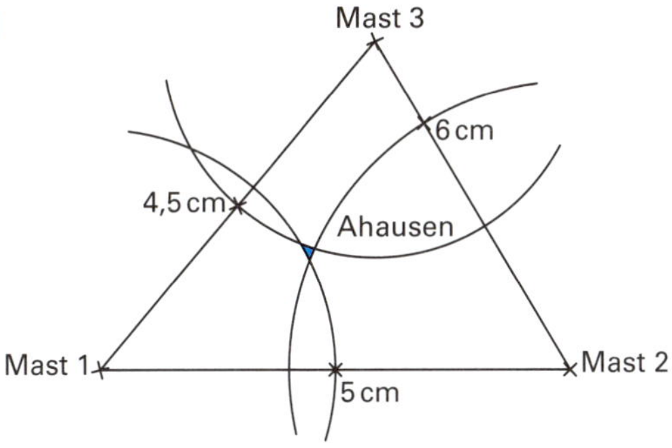

Es gibt ein kleines Funkloch (eingefärbt).

2 Tobias nimmt eine Schnur, die er so an einen Pflock bindet, dass sie sich um den Pflock herum drehen kann. Er misst nun genau 2,5 m auf der Schnur ab und befestigt an der entsprechenden Stelle etwas zum Zeichnen, z. B. eine Straßenkreide. Anschließend zeichnet er mit gespannter Schnur den Kreis.

3 ① Schlage um S einen Kreisbogen, der von A aus über B hinausgeht.
② Übertrage mit einem Kreisbogen um B den Abstand $\overline{AB}$ auf BC (blau gestrichelt).
③ Die Halbgerade k von S durch C (blau) bildet mit h den Winkel $\beta = \alpha$.

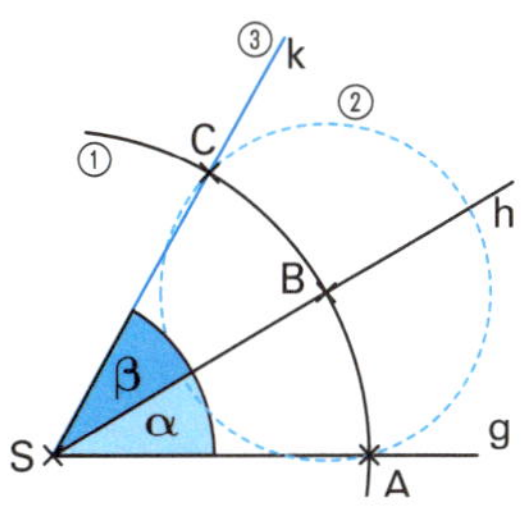

4 Es gilt: $\gamma + \delta + \varepsilon = 180°$ (gestreckter Winkel).
Außerdem gilt: $\delta = \alpha$ (Wechselwinkel) und $\varepsilon = \beta$ (Stufenwinkel).
Somit gilt auch $\gamma + \alpha + \beta = \alpha + \beta + \gamma = 180°$.

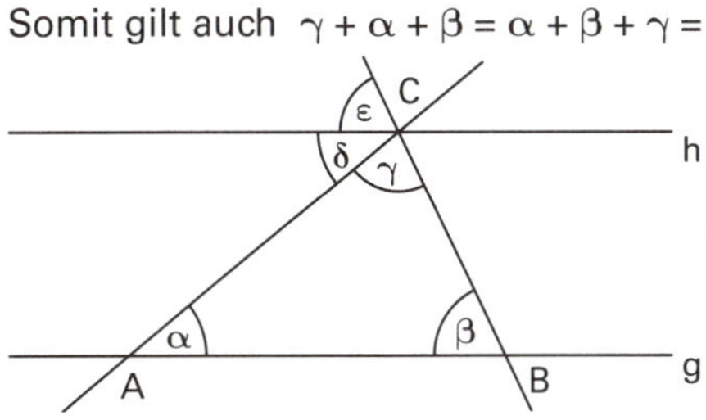

Klassenarbeit Nr. 4 **Seite 47–48**

Falls nicht anders angegeben, gibt es für jede Teilaufgabe bzw. jeden Teilschritt einen Punkt.

1 a) A liegt innerhalb des Kreises, B außerhalb und C auf dem Kreis. (3 P.)

b) (1 P.) und c) (1 P.)

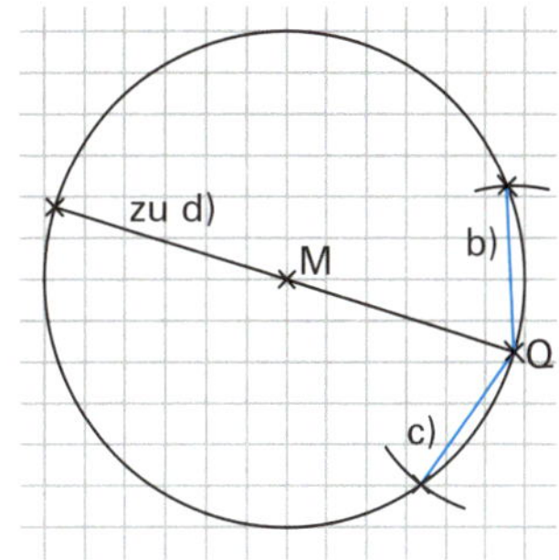

Erklärung zu c): Der Kreisbogen um den Punkt Q schneidet den Kreis in zwei Punkten, daher gibt es zwei mögliche Sehnen.

d) Ja, Sheila hat Recht. Wenn man die Sehne durch den Mittelpunkt konstruiert (Durchmesser), dann gibt es nur eine Lösung. (1 P.)

2 a) spitzer Winkel
b) stumpfer Winkel
c) überstumpfer Winkel

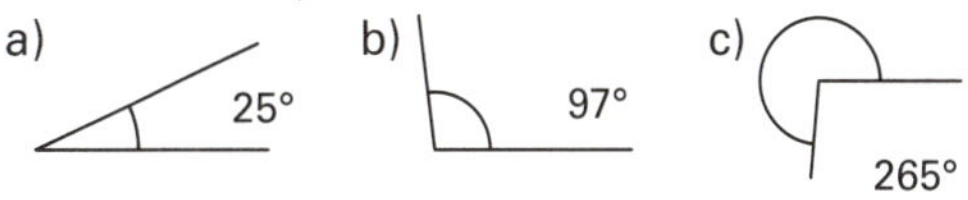

(je 0,5 P. für Skizzen und Angabe)

3 a) 90° b) 150° c) 105° d) 75°

4

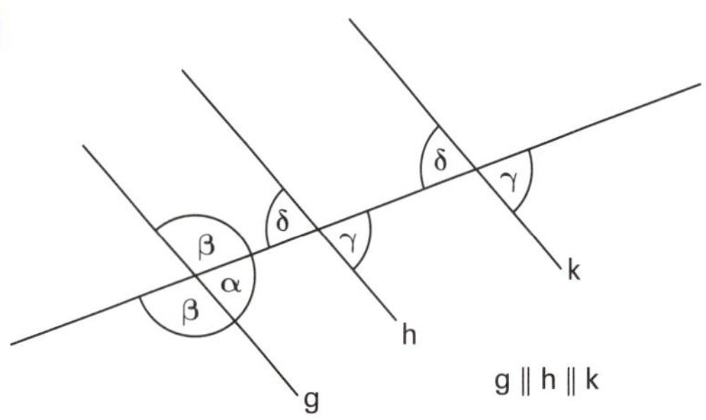

(je 0,5 P.)

5

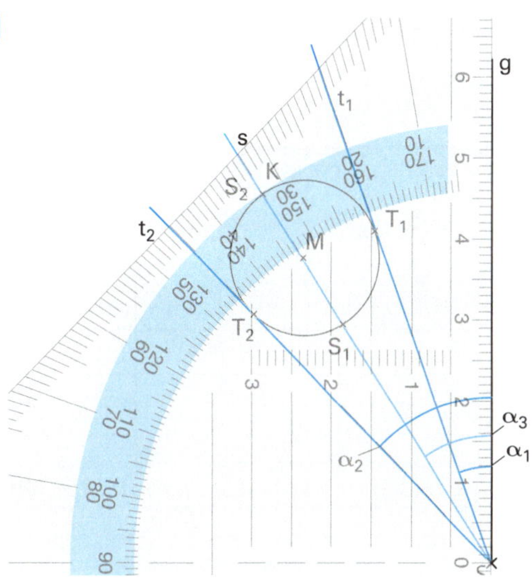

a) $\alpha_1 = 20°$ und $\alpha_2 = 45°$
t_1 und t_2 heißen Tangenten.

b) $\alpha_3 = 33°$; s heißt Sekante, S_1S_2 heißt Sehne.

c) Aus den Winkelangaben zu a) folgt
$0° \leq \alpha < 20°$ und $45° < \alpha < 360°$.

6 a) $\alpha = 180° - 15° - 35° = 130°$
$\beta = 15°$ (Scheitelwinkel)
$\gamma = \alpha = 130°$
$\delta = 35°$ (Scheitelwinkel)
b) $\alpha = 180° - 112° - 28° = 180° - 140° = 40$
$\beta = 28°$ (Stufenwinkel)
$\gamma = 180° - 112° = 68°$
$\delta = 40°$ (Stufenwinkel von α)
$\varepsilon = 40°$ (Scheitelwinkel von α)
$\varphi = 180° - 112 = 68°$ (je 0,5 P.)

30–26 Punkte	25–15 Punkte	14–0 Punkte
Super!	In Ordnung!	Bitte noch einmal üben!

Kapitel 5: Abbildung in der Ebene und Symmetrie

Test 1: Verschiebungen und Drehungen — Seite 51

1 a)

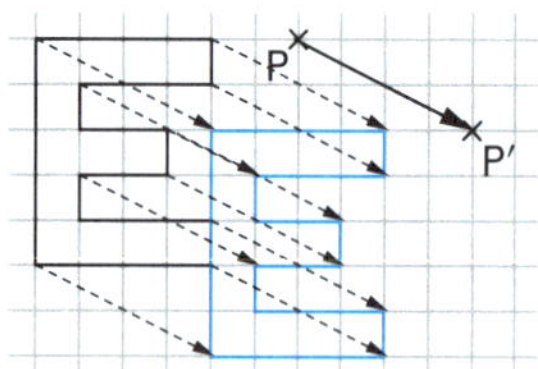

b)

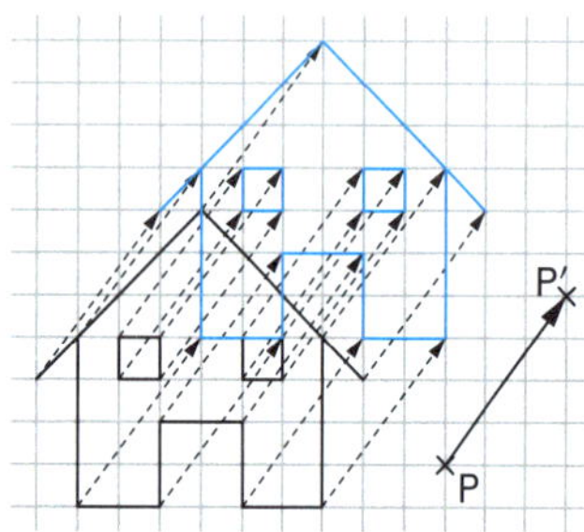

2

(4|7)	(9|9)	(–2|4)	(0|–12)	(–5|0)	(5|–7)	(3|4)
(7|3)	(–5|5)	(3|–4)	(–3|–3)	(–3|–2)	(5|7)	(3|4)
3 r	14 l	5 r	3 l	2 r	0	0
4 u	4 u	8 u	9 o	2 u	14 o	0
(0|0)	(1|–1)	(–1|1)	(1|1)	(–1|–1)	(–12|7)	(9|–7)
(3|–4)	(–13|–5)	(4|–7)	(–2|10)	(1|–3)	(–12|21)	(9|–7)
(–3|4)	(15|3)	(–6|9)	(4|–8)	(–3|1)	(–12|–7)	(9|–7)
(0|0)	(1|–1)	(–1|1)	(1|1)	(–1|–1)	(–12|7)	(9|–7)

3

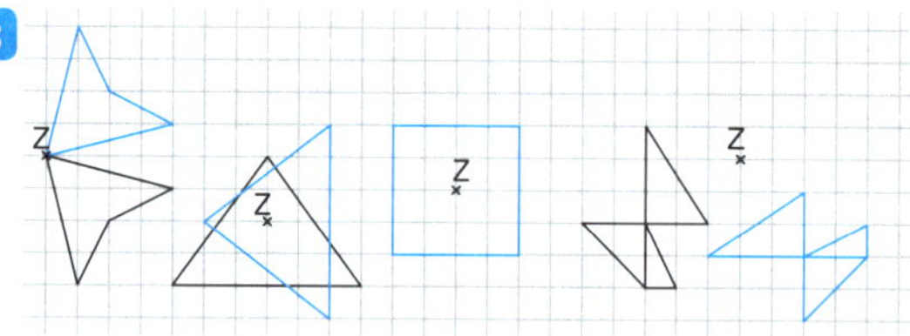

4 Verbindet man Urpunkt und Bildpunkt, liegt auf der Mittelsenkrechten dieser Strecke das Zentrum Z. Der Schnittpunkt zweier Mittelsenkrechten ist das Zentrum Z.

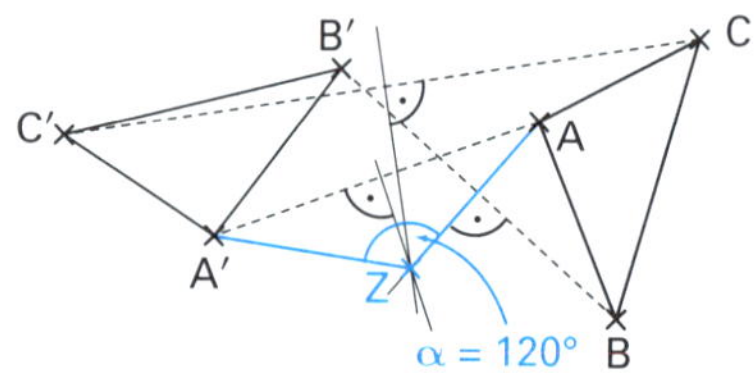

Der Drehwinkel beträgt 120° (Messung mit dem Geodreieck).

Test 2: Spiegelungen — Seite 52

1 Fälle das Lot vom Urpunkt auf die Gerade (am schnellsten mit dem Geodreieck) und verdopple diese Strecke.

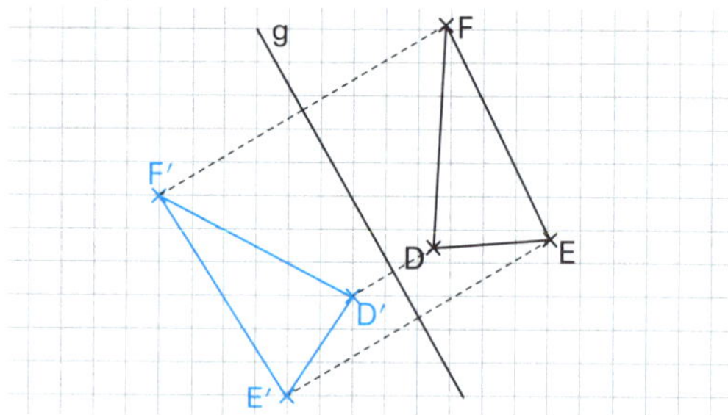

2 Die Spiegelung über Z ist grau, über A blau und über M hellblau dargestellt

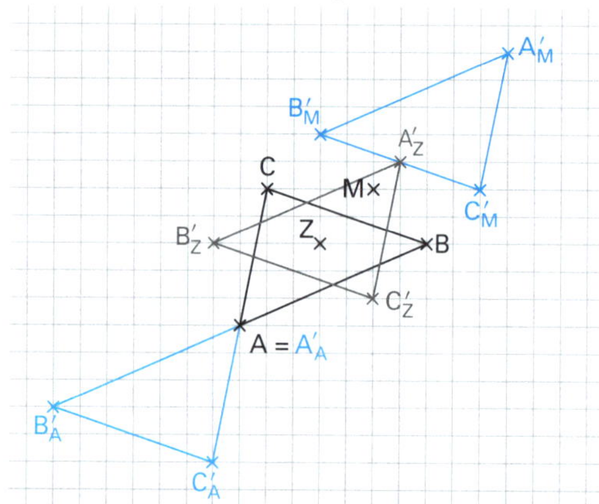

3 Es handelt sich um eine Geradenspiegelung. Die Spiegelgerade muss durch die beiden Punkte gehen, die fest bleiben (Schnitt der Ur- und Bildgeraden).

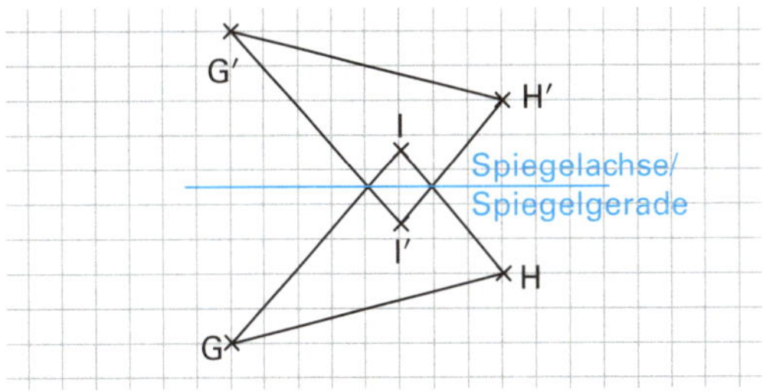

Test 3: Eigenschaften von Abbildungen

Seite 53

1 a) w ☒ Die Reihenfolge bei Verschiebungen ist beliebig.

b) f ☒ $D_2 \circ D_1 = D_1 \circ D_2$ gilt nur, wenn das Zentrum gleich bleibt. Bei ungleichen Zentren gilt: $D_2 \circ D_1 \neq D_1 \circ D_2$.

c) f ☒ Für zwei Punktspiegelungen S_1 uns S_2 gilt: $S_2 \circ S_1 \neq S_1 \circ S_2$.

d) f ☒ $G_2 \circ G_1 = G_1 \circ G_2$ gilt nur, wenn die Geraden rechtwinklig zueinander sind, sonst gilt $G_2 \circ G_1 \neq G_1 \circ G_2$.

2 a) f☒ Rechts ein Gegenbeispiel: Punkt A wurde an g gespiegelt: A'; A' wurde an h gespiegelt: A''. Punkt A wurde am Schnittpunkt gespiegelt A' (blau). Die Lage der Punkte ist nicht gleich.

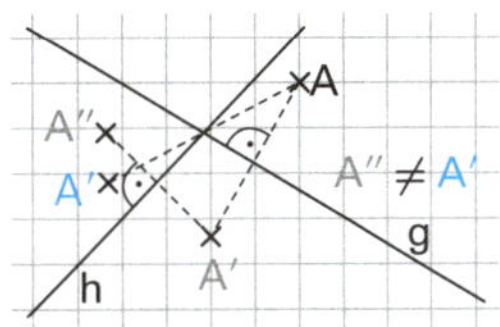

b) w☒ Da jede einzelne Strecke in jede Richtung gedreht werden kann, ist diese Parallelität immer zu erreichen.

3 Die Verschiebung, die Drehung und die Punktspiegelung verändern die Orientierung nicht. Die Geradenspiegelung verändert den Umlaufsinn.

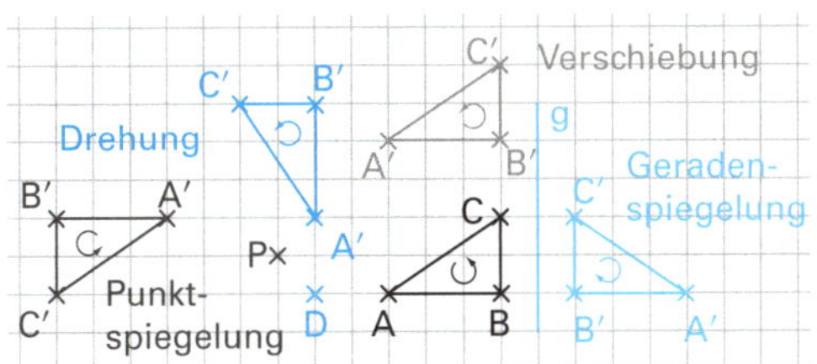

4

a)	✓	✓	✓	✓
b)	✓	✓	✓	✓
c)	✓	✓	✓	
d)	✓		✓	
e)	✓	✓	✓	✓

Test 4: Symmetrien

Seite 54

1

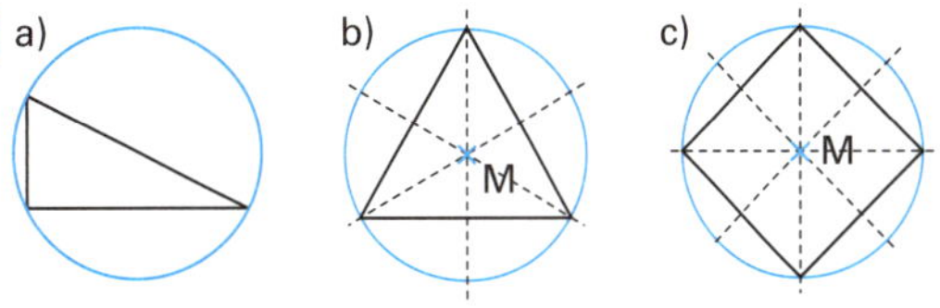

a) Keine Symmetrie.

b) Die Seitenhalbierenden sind die Symmetrieachsen. Das gleichseitige Dreieck ist drehsymmetrisch um M mit $\alpha = 120°$.

c) Die Diagonalen und die Mittellinien sind die Symmetrieachsen. Das Quadrat ist drehsymmetrisch um M mit $\alpha = 90°$ (180°, 270°).

2 Punktsymmetrisch sind
(Symmetriepunkt ist eingezeichnet):

H I N O S X Z 0 8

Achsensymmetrisch sind
(Achsen sind eingezeichnet):

A B C D E H I K M

O T U V W X Y 0 3 8

Spiegelachsen gehen durch den Mittelpunkt

3 a) w☒ Der Symmetriepunkt halbiert ja alle Streckenpaare Urpunkt–Bildpunkt, damit kann es nur einen geben.

b) f☒ Gegenbeispiel ist ein Quadrat.

c) w☒ Das Quadrat ist ein Beispiel.

4 30 33 38 80 83 88

Klassenarbeit Nr. 5

Seite 55–58

Falls nicht anders angegeben, gibt es für jede Teilaufgabe bzw. jeden Teilschritt einen Punkt.

1 a) Für D_1 (hier blau) P und P' einzeichnen und Winkel PZP' messen. PZP' = 270° (Drehsinn beachten!). Mit dem Zirkel in $Z_1(0|0)$ einstechen und jeweils einen Kreis durch die Eckpunkte des Buchstabens ziehen. Abmessen von 270° auf diesem Kreisbogen ergibt die Bildpunkte des Buchstabens. D_2 (grau) analog ausführen, mit Kreismittelpunkt $Z_2(-1|-2)$, dann Drehwinkel $\alpha_2 = 120°$.
In der Zeichnung sind nicht alle Hilfslinien dargestellt.

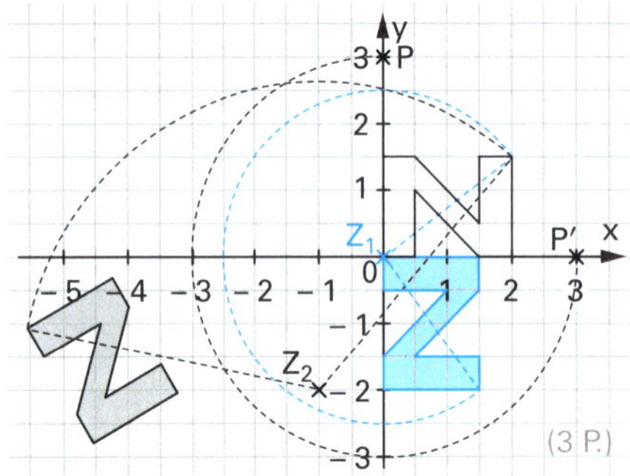

(3 P.)

b) Zeichne die Punkte A, B, C und Z_2 ein. Kreise um Mittelpunkt $Z_1(0|0)$ durch A, B, C und Winkel 120° ergeben A′, B′, C′. Kreise um $Z_1(-1|-2)$ durch A′, B′, C′ und Winkel 120° ergeben A″, B″, C″. (Für bessere Übersichtlichkeit sind hier keine Hilfslinien gezeichnet.)

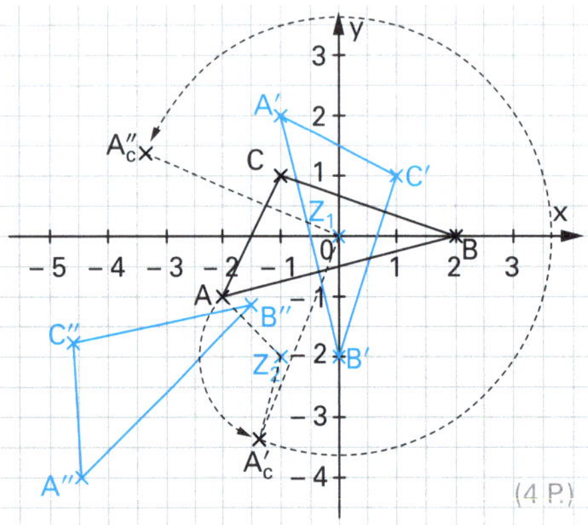

(4 P.)

c) Der Punkt A''_c liegt nicht an derselben Stelle wie der Punkt A″ der Teilaufgabe b). Damit gilt: $D_1 \circ D_2 \neq D_2 \circ D_1$ (2 P.)

2 a)

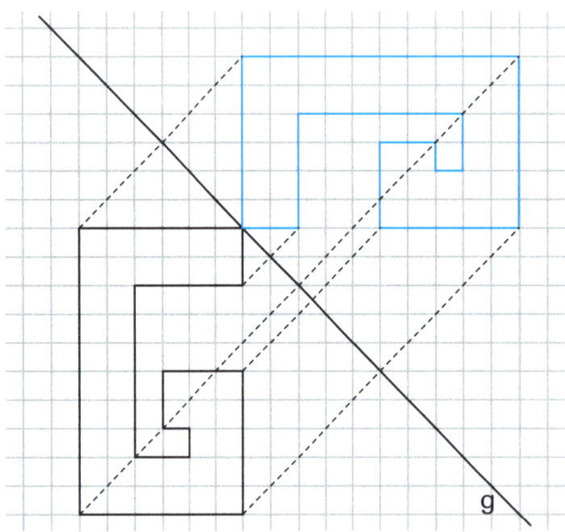

(4 P.)

b)

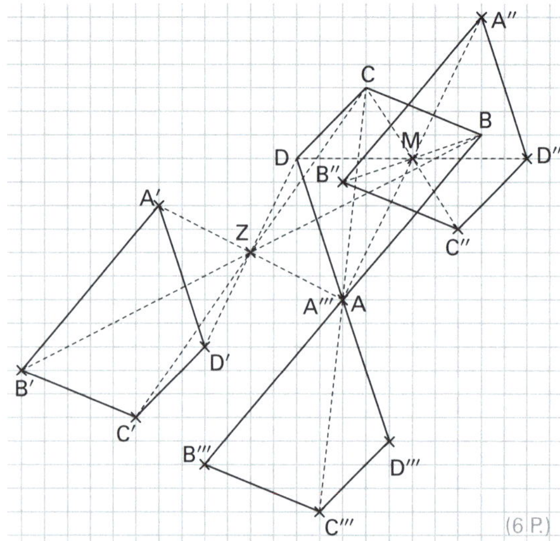

(6 P.)

3

P	(0|0)	(3|−1)	(−5|−7)
P′	(−2|2)	(0|0)	(−2|−5)
r|l	2 l	3 l	3 r
o|u	2 o	1 o	2 o
A	(−22|3)	(5|12)	(2|22)
A′	(−24|5)	(2|13)	(5|24)
B	(−20|1)	(8|11)	(−1|20)
B′	(−22|3)	(5|12)	(2|22)

(0,5 P.)

4 Nach Portugal ist das Drehmaß 30° (1 Stunde) und nach Los Angeles 270° (9 Stunden = 9 · 30°).

5 Bildet man F zuerst über Verschiebung und anschließend über Drehung, liegt F″ an einer anderen Stelle, als wenn man F erst über Drehung auf F′ und dann über Verschiebung auf F″ abbildet. Daraus folgt: $D \circ V \neq V \circ D$.

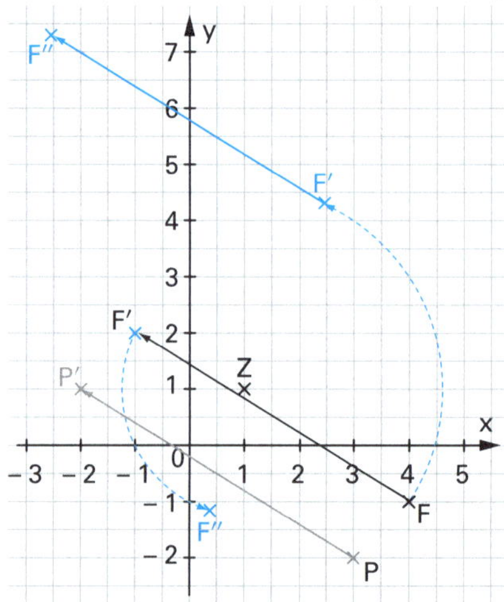

6 Die richtigen Zuordnungen sind:
1) → b), 2) → d), 3) → e), 4) → a), 5) → c)

35–30 Punkte	29–18 Punkte	17–0 Punkte
Super!	In Ordnung!	Bitte noch einmal üben!

Kapitel 6: Flächen und Umfang

Test 1: Dreiecke und Vierecke — Seite 62

1 a) $u_1 = 2 \cdot 4\,m + 2 \cdot 2{,}4\,m = 12{,}8\,m$;
$A_1 = 4\,m \cdot 2{,}4\,m = 9{,}6\,m^2$;
b) $u_2 = 6\,dm + 2 \cdot 5\,dm = 16\,dm$;
$A_2 = 0{,}5 \cdot 6\,dm \cdot 4\,dm = 12\,dm^2$;
c) $u_3 = 2 \cdot 18\,cm + 2 \cdot 17{,}5\,cm = 71\,cm$;
$A_3 = 18\,cm \cdot 15\,cm = 270\,cm^2$

2 $a = 5\,cm$ und $h_a = 4\,cm$
$\Rightarrow A = 0{,}5 \cdot a \cdot h_a = 0{,}5 \cdot 5\,cm \cdot 4\,cm = 10\,cm^2$
$b = 4\,cm$ und $h_b = 5\,cm$
$\Rightarrow A = 0{,}5 \cdot b \cdot h_b = 0{,}5 \cdot 4\,cm \cdot 5\,cm = 10\,cm^2$
$c = 6\,cm$ und $h_c \approx 3{,}3\,cm$
$\Rightarrow A = 0{,}5 \cdot c \cdot h_c = 0{,}5 \cdot 6\,cm \cdot 3{,}3\,cm$
$= 9{,}9\,cm^2 \approx 10\,cm^2$
Folgerung: Bei der Berechnung des Flächeninhalts eines Dreiecks mit der Formel $A = 0{,}5 \cdot g \cdot h$ kann *jede* der drei Dreieckseiten als Grundseite g gewählt werden. Wichtig ist aber, dass mit *der* Höhe h gerechnet wird, die zu der gewählten Grundseite g senkrecht steht!

3 Beispielhafte Lösung:
1. $A = 6\,dm \cdot 12\,dm + 5\,dm \cdot (10\,dm - 6\,dm)$
$= 72\,dm^2 + 20\,dm^2 = 92\,dm^2$
2. $A = 10\,dm \cdot 5\,dm + 6\,dm \cdot (12\,dm - 5\,dm)$
$= 50\,dm^2 + 42\,dm^2 = 92\,dm^2$
3. $A = 10\,dm \cdot 12\,dm$
$- (10\,dm - 6\,dm) \cdot (12\,dm - 5\,dm)$
$= 120\,dm^2 - 28\,dm^2 = 92\,dm^2$

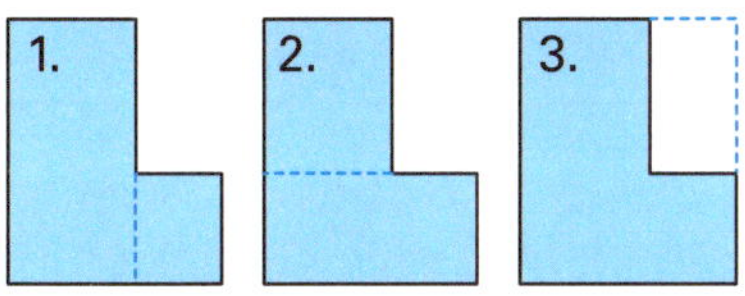

4 $A = \frac{39\,m + 15\,m}{2} \cdot 11\,m = 27\,m \cdot 11\,m = 297\,m^2$.
Die Querschnittsfläche des Deiches beträgt $297\,m^2$.

Test 2: Kreise und Vielecke — Seite 63

1

	r	u	A
Kreis 1	12 cm	75,36 cm	452,16 cm²
Kreis 2	10 dm	62,8 dm	314 dm²
Kreis 3	3 m	18,84 m	28,26 m²

2 a) Umfang: Umfang eines Dreiviertel-Kreises und zwei Radien $\left(\frac{3}{4} = 0{,}75\right)$.
$u = 0{,}75 \cdot 2 \cdot \pi \cdot r + 2r$
$\approx 1{,}5 \cdot 3{,}14 \cdot 4\,dm + 2 \cdot 4\,dm$
$= 18{,}84\,dm + 8\,dm = 26{,}84\,dm$
Flächeninhalt: Ein Dreiviertel-Kreis.
$A = 0{,}75 \cdot \pi \cdot r^2 \approx 0{,}75 \cdot 3{,}14 \cdot (4\,dm)^2$
$= 37{,}68\,dm^2$

b) Umfang: Ein großer Halbkreis und zwei kleine Halbkreise.
$u = \pi \cdot 6\,cm + 2 \cdot (\pi \cdot 3\,cm)$
$\approx 3{,}14 \cdot 6\,cm + 3{,}14 \cdot 6\,cm$
$= 18{,}84\,cm + 18{,}84\,cm$
$= 37{,}68\,cm$
Flächeninhalt: Großer Halbkreis. Die kleinen Halbkreise gleichen sich aus.
$A = 0{,}5 \cdot \pi \cdot (6\,cm)^2 + 0{,}5 \cdot \pi \cdot (3\,cm)^2$
$- 0{,}5 \cdot \pi \cdot (3\,cm)^2$
$\approx 0{,}5 \cdot 3{,}14 \cdot (6\,cm)^2$
$= 56{,}52\,cm^2$

c) Umfang: Die Summe der Umfänge des inneren und des äußeren Kreises.
$u = 2 \cdot \pi \cdot r_2 + 2 \cdot \pi \cdot r_1$
$\approx 2 \cdot 3{,}14 \cdot 8\,cm + 2 \cdot 3{,}14 \cdot 4\,cm$
$= 50{,}24\,cm + 25{,}12\,cm = 75{,}36\,cm$
Flächeninhalt: Äußerer Kreis abzüglich innerem Kreis.
$A = \pi \cdot r_2^2 - \pi \cdot r_1^2$
$\approx 3{,}14 \cdot (8\,cm)^2 - 3{,}14 \cdot (4\,cm)^2$
$= 200{,}96\,cm^2 - 50{,}24\,cm^2 = 150{,}72\,cm^2$

3 Querschnittsfläche der alte Rinne:
$A = 15{,}7\,cm \cdot 10\,cm = 157\,cm^2$
Querschnittsfläche der neuen, halbkreisförmigen Rinne:
$0{,}5 \cdot \pi \cdot r^2 = 157\,cm^2 \Leftrightarrow 3{,}14 \cdot r^2 = 314\,cm^2$
$\Leftrightarrow r^2 = 100\,cm^2 \Rightarrow r = 10\,cm$

4

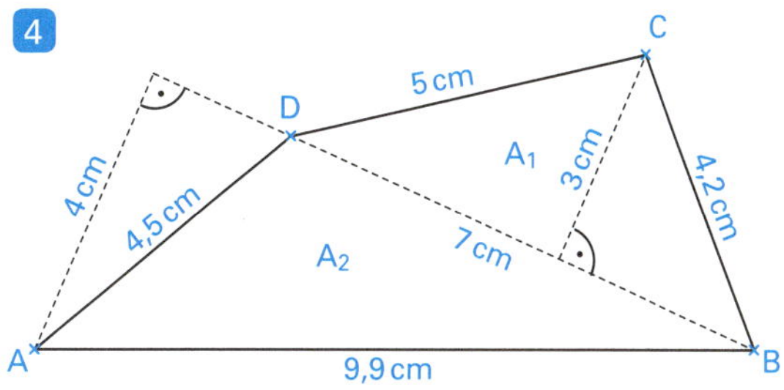

$u = 9{,}9\,cm + 4{,}2\,cm + 5\,cm + 4{,}5 = 23{,}6\,cm$
$A_1 = \frac{1}{2} \cdot 7\,cm \cdot 3\,cm = 10{,}5\,cm^2$
$A_2 = \frac{1}{2} \cdot 7\,cm \cdot 4\,cm = 14\,cm^2$
$A_{ges} = 10{,}5\,cm^2 + 14\,cm^2 = 24{,}5\,cm^2$

5

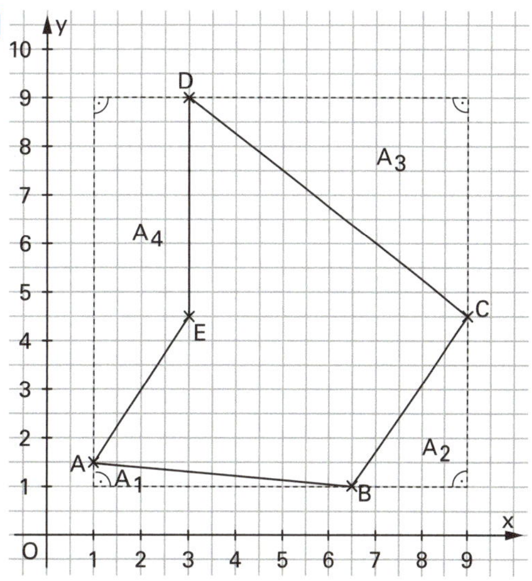

Am einfachsten ist es, das gestrichelte Quadrat auszurechnen und die überzähligen Flächen A_1 bis A_4 abzuziehen.

$A_{Quadrat} = (8\,cm)^2 = 64\,cm^2$

$A_1 = \frac{1}{2} \cdot 0{,}5\,cm \cdot 5{,}5\,cm = 1{,}375\,cm^2$

$A_2 = \frac{1}{2} \cdot 2{,}5\,cm \cdot 3{,}5\,cm = 4{,}375\,cm^2$

$A_3 = \frac{1}{2} \cdot 4{,}5\,cm \cdot 6\,cm = 13{,}5\,cm^2$

$A_4 = \frac{7{,}5\,cm + 4{,}5\,cm}{2} \cdot 2\,cm = 12\,cm^2$

$A_{Fünfeck} = 64\,cm^2 - (1{,}375\,cm^2 + 4{,}375\,cm^2$
$+ 13{,}5\,cm^2 + 12\,cm^2)$
$= 32{,}75\,cm^2$

Test 3: Verschiedene Figuren **Seite 65**

1 a)

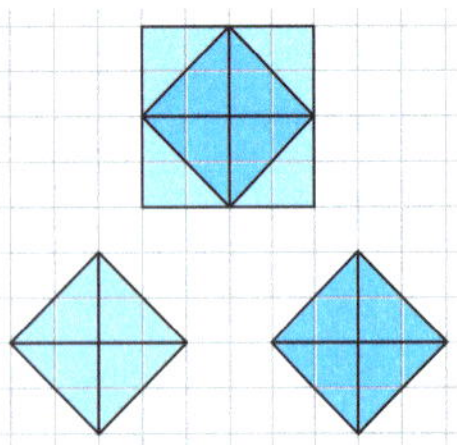

b)

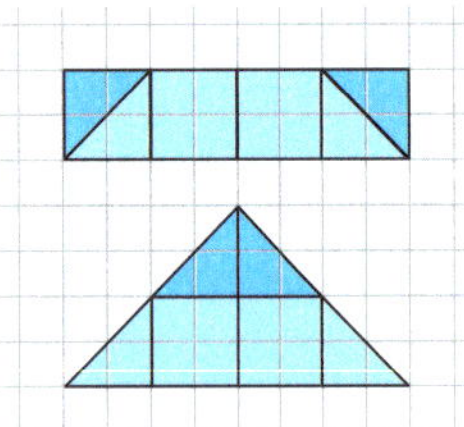

2 a) $u = 2a + 2b = 2 \cdot 4\,cm + 2 \cdot 3\,cm = 14\,cm$

b) $u = 6a + 3b = 6 \cdot 4\,cm + 3 \cdot 3\,cm = 33\,cm$

c) $u = 2a + 2b + \pi \cdot a$
$\approx 2 \cdot 4\,cm + 2 \cdot 3\,cm + 3{,}14 \cdot 4\,cm$
$= 8\,cm + 6\,cm + 12{,}56\,cm = 26{,}56\,cm$

d) $u = \pi \cdot 2a + \pi \cdot a + \pi \cdot a$
$\approx 3{,}14 \cdot 8\,cm + 3{,}14 \cdot 4\,cm + 3{,}14 \cdot 4\,cm$
$= 25{,}12\,cm + 12{,}56\,cm + 12{,}56\,cm$
$= 50{,}24\,cm$

3 $58{,}5\,cm^2 = \frac{13\,cm \cdot f}{2}$
$\Rightarrow$ $58{,}5\,cm^2 = 6{,}5\,cm \cdot f$
$\Rightarrow$ $f = 58{,}5\,cm^2 : 6{,}5\,cm$
$\Rightarrow$ $f = 9\,cm$

Test 4: Aufgaben für Experten **Seite 66**

1 a) $2 \cdot 15\,cm + 2 \cdot b = 50\,cm$
$\Leftrightarrow$ $2 \cdot b = 20\,cm$ $\Leftrightarrow$ $b = 10\,cm$

b) $18\,cm + 18\,cm + c = 50\,cm$
$\Leftrightarrow$ $36\,cm + c = 50\,cm$ $\Leftrightarrow$ $c = 14\,cm$

c) $2 \cdot \pi \cdot r = 50\,cm$ $\Leftrightarrow$ $2 \cdot 3{,}14 \cdot r = 50\,cm$
$\Leftrightarrow$ $r = 50\,cm : 6{,}28$ $\Leftrightarrow$ $r \approx 7{,}96\,cm$

2 Die kürzere Seite wird mit a bezeichnet, die längere Seite daher mit 3a.
Umfang: $2 \cdot a + 2 \cdot (3a) = 40\,dm$ $\Leftrightarrow$
$8a = 40\,dm$ $\Leftrightarrow$ $a = 5\,dm$
Länge der kürzeren Seite: $a = 5\,dm$; Länge der längeren Seite: $3a = 3 \cdot 5\,dm = 15\,dm$

3 a) $A = 2ab + \frac{1}{2} \cdot 2a \cdot a = 2ab + a^2$
$= 2 \cdot 4\,cm \cdot 3\,cm + (4\,cm)^2$
$= 24\,cm^2 + 16\,cm^2 = 40\,cm^2$

b) $A = 2a \cdot a - \frac{1}{2} \cdot \pi \cdot a^2 = 2a^2 - 0{,}5\pi a^2$
$\approx 2 \cdot (4\,cm)^2 - 0{,}5 \cdot 3{,}14 \cdot (4\,cm)^2$
$= 32\,cm^2 - 25{,}12\,cm^2 = 6{,}88\,cm^2$

c) $A = 2ab - \frac{1}{2} \cdot b \cdot b = 2ab - 0{,}5b^2$
$= 2 \cdot 4\,cm \cdot 3\,cm - 0{,}5 \cdot (3\,cm)^2$
$= 24\,cm^2 - 4{,}5\,cm^2 = 19{,}5\,cm^2$

4 a) 80 Umfänge des Antriebsrades entsprechen 25 Umfängen des Arbeitsrades:
$25 \cdot (2 \cdot \pi \cdot r_2) = 80 \cdot (2 \cdot \pi \cdot r_1)$
$\Leftrightarrow$ $25 \cdot (2 \cdot 3{,}14) \cdot r_2 = 80 \cdot (2 \cdot 3{,}14) \cdot 5\,cm$
$\Leftrightarrow$ $r_2 = \frac{80}{25} \cdot 5\,cm = 16\,cm$

b) Von den Radien müssen je 2 mm abgezogen werden: $r_1 = 15{,}8\,mm$; $r_2 = 4{,}8\,mm$
80 Umfänge des Antriebsrades entsprechen x Umfängen des Arbeitsrades:
$x \cdot (2 \cdot \pi \cdot 15{,}8\,cm) = 80 \cdot (2 \cdot \pi \cdot 4{,}8\,cm)$
$\Leftrightarrow$
$x \cdot (2 \cdot 3{,}14) \cdot 15{,}8\,cm = 80 \cdot (2 \cdot 3{,}14) \cdot 4{,}8\,cm$
$\Leftrightarrow$ $x = \frac{4{,}8\,cm}{15{,}8\,cm} \cdot 80 \approx 24{,}3 < 25$
Offensichtlich dreht sich das Arbeitsrad jetzt etwas langsamer.

Klassenarbeit Nr. 6 **Seite 67–69**

Falls nicht anders angegeben, gibt es für jede Teilaufgabe bzw. jeden Teilschritt einen Punkt.

1 a) $u = 2 \cdot 4{,}5\,dm + 2 \cdot 2{,}8\,dm = 14{,}6\,dm$
$A = 4{,}5\,dm \cdot 2{,}8\,dm = 12{,}6\,dm^2$

b) $u = 4{,}2\,m + 4{,}4\,m + 7{,}4\,m = 16\,m$
$A = \frac{1}{2} \cdot 4{,}2\,m \cdot 3{,}9\,m = 8{,}19\,m^2$

c) $r = 4\,km$ $(d = 2 \cdot r)$
$u = 2 \cdot \pi \cdot r \approx 2 \cdot 3{,}14 \cdot 4\,km = 25{,}12\,km$
$A = \pi \cdot r^2 \approx 3{,}14 \cdot (4\,km)^2 = 50{,}24\,km^2$

2 a)

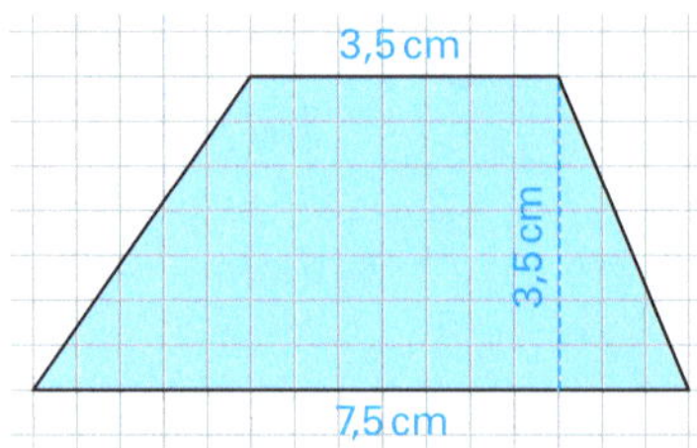

$A = \frac{7{,}5\,cm + 3{,}5\,cm}{2} \cdot 3{,}5\,cm = \frac{11\,cm}{2} \cdot 3{,}5\,cm$
$= 5{,}5\,cm \cdot 3{,}5\,cm = 19{,}25\,cm^2$

b)

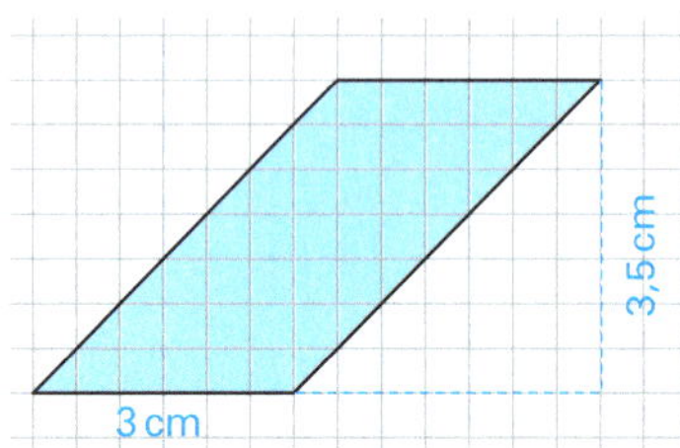

$A = 3\,cm \cdot 3{,}5\,cm = 10{,}5\,cm^2$

3 a) $u \approx \frac{1}{\cancel{2}} \cdot \cancel{2} \cdot 3{,}14 \cdot 4\,\text{cm} + 2 \cdot 3{,}14 \cdot 2\,\text{cm}$
$= 25{,}12\,\text{cm}$
$A \approx \frac{1}{2} \cdot 3{,}14 \cdot (4\,\text{cm})^2 - 3{,}14 \cdot (2\,\text{cm})^2$
$= 12{,}56\,\text{cm}^2$

b) $u \approx 4 \cdot 10\,\text{cm} + 2 \cdot 3{,}14 \cdot 5\,\text{cm}$
$= 71{,}4\,\text{cm}$
$A \approx (10\,\text{cm})^2 - 3{,}14 \cdot (5\,\text{cm})^2$
$= 21{,}5\,\text{cm}^2$

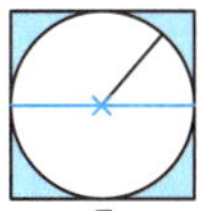
r = 5 cm
d = 10 cm

c) $u \approx \frac{1}{\cancel{2}} \cdot \cancel{2} \cdot 3{,}14 \cdot 6\,\text{cm} + 2 \cdot 6{,}7\,\text{cm}$
$= 32{,}24\,\text{cm}$
$A \approx \frac{1}{2} \cdot 3{,}14 \cdot (6\,\text{cm})^2 - \frac{1}{2} \cdot 6\,\text{cm} \cdot 6\,\text{cm}$
$= 38{,}52\,\text{cm}^2$
($\frac{1}{2}$ Fläche Kreis minus ein Teildreieck mit Höhe r und Grundseite r bzw. ein Dreieck mit Grundlinie 2 r und Höhe $\frac{1}{2}$r)

4 Man kann hier eine allgemeine Rechnung durchführen, indem man in der Kreisformel statt r einfach $\frac{1}{2} \cdot r$ einsetzt.
$A = \pi \cdot \left(\frac{1}{2} \cdot r\right)^2 = \pi \cdot \frac{1}{4} \cdot r^2 = \frac{1}{4} \cdot \pi \cdot r^2$
Jonathan hat also recht, von der ursprünglichen Fläche ist nur noch ein Viertel übrig.

5

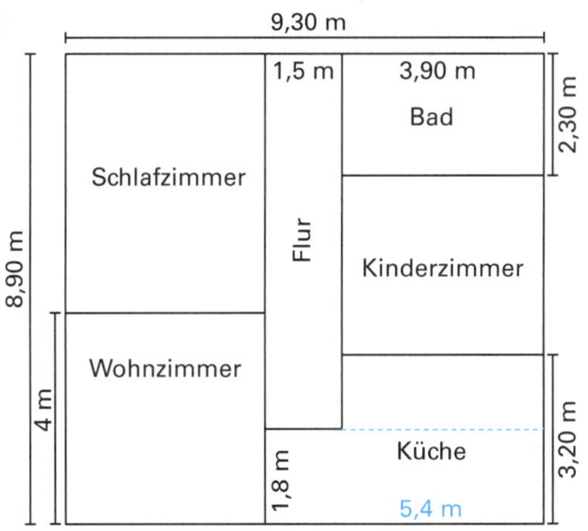

a) $A_{Bad} = 3{,}9\,\text{m} \cdot 2{,}3\,\text{m} = 8{,}97\,\text{m}^2$ (0,5 P.)
$\text{Kosten}_{Bad} = 8{,}97\,\text{m}^2 \cdot 22{,}50\,\frac{€}{\text{m}^2} \approx 201{,}83\,€$
(1 P.)
$A_{Küche} = 1{,}8\,\text{m} \cdot 5{,}4 + 1{,}4\,\text{m} \cdot 3{,}9\,\text{m}$
$= 9{,}72\,\text{m}^2 + 5{,}46\,\text{m}^2 = 15{,}18\,\text{m}^2$
(1 P.)
$\text{Kosten}_{Küche} = 15{,}18\,\text{m}^2 \cdot 27{,}80\,\frac{€}{\text{m}^2} = 422\,€$
(1 P.)
$\text{Kosten}_{ges.} = 201{,}83\,€ + 422\,€ = 623{,}83\,€$
(0,5 P.)

b) Fläche pro Paket Fliesen im Bad
$= 17\,\text{cm} \cdot 17\,\text{cm} \cdot 20 = 5780\,\text{cm}^2 = 0{,}578\,\text{m}^2$
(0,5 P.)
Pakete fürs Bad
$= 8{,}97\,\text{m}^2 : 0{,}578\,\text{m}^2 \approx 15{,}5.$ (1 P.)
Fläche pro Paket Fliesen in der Küche
$= 17\,\text{cm} \cdot 23\,\text{cm} \cdot 20 = 7820\,\text{cm}^2 = 0{,}782\,\text{m}^2$
(0,5 P.)
Pakete für die Küche
$= 15{,}18\,\text{m}^2 : 0{,}782\,\text{m}^2 \approx 19{,}4.$ (1 P.)

Familie Fischer muss 16 Pakete Fliesen fürs Bad und 20 Pakete für die Küche kaufen. (1 P.)

6 Einteilung in verschiedene Teilflächen denkbar. Hier in drei Dreiecke.

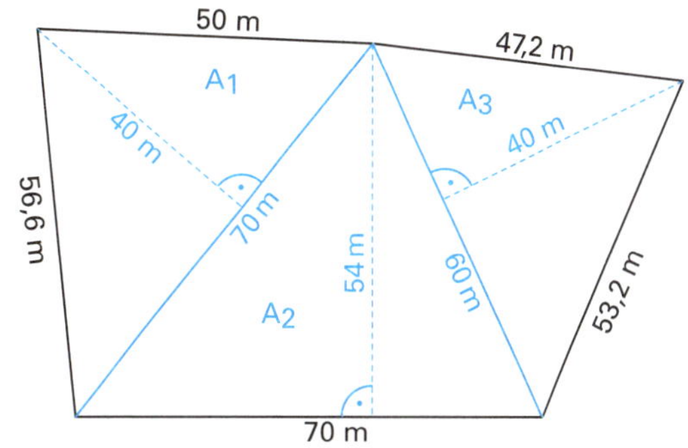

a) $u = 50\,\text{m} + 56{,}6\,\text{m} + 70\,\text{m} + 53{,}2\,\text{m} + 47{,}2\,\text{m}$
$= 277\,\text{m}$
benötigter Draht: $277\,\text{m} \cdot 2 = 554\,\text{m}$

b) $A_1 = \frac{1}{2} \cdot 70\,\text{m} \cdot 40\,\text{m} = 1400\,\text{m}^2$
$A_2 = \frac{1}{2} \cdot 70\,\text{m} \cdot 54\,\text{m} = 1890\,\text{m}^2$
$A_3 = \frac{1}{2} \cdot 60\,\text{m} \cdot 40\,\text{m} = 1200\,\text{m}^2$
$A_{ges} = 4490\,\text{m}^2$
Kosten: $4490\,\cancel{\text{m}^2} \cdot 2{,}50\,€/\cancel{\text{m}^2} = 11\,225\,€$
Der Bauer musste 11 225 € für die Wiese bezahlen.

30–26 Punkte	25–15 Punkte	14–0 Punkte
Super!	In Ordnung!	Bitte noch einmal üben!

Kapitel 7: Zuordnungen und Proportionalität

Test 1: Zuordnungen und Zahlenpaare

Seite 74

1 Die Zuordnung $x \mapsto y$ beschreibt, wie sich die Größe y in Abhängigkeit von der Größe x verändert. x und y sind direkt proportional zueinander. Wenn man x verdreifacht, dann muss sich auch y verdreifachen. Die Angabe (3|5) ist ein geordnetes Zahlenpaar. Verschiedene Angaben dieser Art können in einer Wertetabelle zusammengefasst werden. Die grafische Darstellung einer Zuordnung erfolgt in einem Achsenkreuz. Es besteht aus zwei Zahlenstrahlen, die senkrecht zueinander liegen.

2 a) (6|16) b) (15|40) c) (9|24) d) (7,5|20)
zu a): Aus den x-Werten von (3|8) und (6|?) berechnest du mit $3 \cdot 2 = 6$ den Vervielfacher 2. Damit lässt sich der gesuchte y-Wert errechnen: $8 \cdot 2 = 16$.

3 a) (6 | 10) b) (12 | 5) c) (2 | 30) d) (0,5 | 120)
zu a): Aus dem Zahlenpaar (10 | 6) berechnest du das Produkt $10 \cdot 6 = 60$. Damit folgt dann der gesuchte y-Wert zu $60 : 6 = 10$.

4 a) A(1 | 2); B(3 | 4); C(6 | 7) Wenn du von Punkt A aus eine senkrechte Linie zeichnest, so schneidet sie die x-Achse bei 1. Ebenso schneidet eine waagerechte Linie durch A die y-Achse bei 2.
b) Mögliche Lösungen sind z. B.: D(0 | 1); E(2 | 3)
c) Nein! Eine Halbgerade, die einen proportionalen Zusammenhang zwischen x und y darstellt, müsste im Ursprung (0 | 0) beginnen.

Test 2: Proportionalität (1) Seite 75

1 a) p b) x c) p
d) p e) x
zu b): Eine verdoppelte Seitenlänge führt auf den vierfachen Flächeninhalt, z. B. $3\,m \cdot 3\,m = 9\,m^2$ und $6\,m \cdot 6\,m = 36\,m^2$ mit $6\,m = 2 \cdot 3\,m$, aber $36\,m^2 = 4 \cdot 9\,m^2$.
Zu d): Wenn du kürzt, z. B. $\frac{3}{6} = \frac{1}{2}$, dann änderst du dadurch nicht den Wert des Bruches. Beide Brüche, $\frac{3}{6}$ und $\frac{1}{2}$, sind also quotientengleich.

2 a) :4 (4 ≙ 28) :4
1 ≙ 7
·9 (9 ≙ 63) ·9
b) :7,5 (7,5 ≙ 45) :7,5
1 ≙ 6
·5,5 (5,5 ≙ 33) ·5,5
c) :3 (36 ≙ 120) :3
12 ≙ 40
·11 (132 ≙ 440) ·11

3 a) 12 R. ≙ 14,40 €
1. R. ≙ 14,40 € : 12 = 1,20 €
18 R. ≙ 1,20 € · 18 = 21,60 €
b) 66 km ≙ 2 h 12 min = 132 min
1 km ≙ 132 min : 66 = 2 min
80 km ≙ 2 min · 80 = 160 min = 2 h 40 min
2 h 40 min > 2 h 30 min
⇒ Anke sollte noch trainieren!

4 Berechne zuerst das Produkt $18 \cdot 7{,}5 = 135$; prüfe dann auf Produktgleichheit.
a) ip denn $3 \cdot 45 = 135$
b) x denn $22 \cdot 6 = 132 \neq 135$
c) ip denn $15 \cdot 9 = 135$
d) ip denn $0{,}25 \cdot 540 = 135$

5 a) :6 (6 ≙ 8) ·6
1 ≙ 48
·16 (16 ≙ 3) :16
b) :5 (5 ≙ 25) ·5
1 ≙ 125
·25 (25 ≙ 5) :25
c) :18 (18 ≙ 4) ·18
1 ≙ 72
·24 (24 ≙ 3) :24

Test 3: Proportionalität (2) Seite 76–77

1 a) x, es gibt keinen solchen Zusammenhang zwischen Temperatur und Tageszeit.
b) p, direkt proportional, denn: *Je länger* die Maschine läuft, *desto mehr* Papier wird bedruckt (je mehr, desto mehr).
c) ip, indirekt proportional, denn: *Je mehr* Pumpen laufen *desto weniger* Zeit wird benötigt.

2 a) Vorüberlegung: *Je mehr* Teilnehmer mitfahren, *desto mehr* Getränke werden benötigt; also: direkte Proportionalität.
8 P. ≙ 20 ℓ
1 P. ≙ 2,5 ℓ
10 P. ≙ 25 ℓ
Sie muss 25 Liter Getränke bereitstellen
b) Vorüberlegung: *je mehr* Teilnehmer mitfahren, *desto weniger* muss jeder zahlen (wenn der Betrag nicht von der Personenzahl abhängt, wie das bei einer Miete für einen Wagen der Fall ist). Also: indirekte Proportionalität.
8 P. ≙ 10,50 €
1 P. ≙ 84 €
10 P. ≙ 8,40 €
Jeder Teilnehmer zahlt nun 8,40 €.
c) Die Fahrtzeit hängt nicht von der Zahl der Teilnehmer ab (sondern von Fahrweise und Verkehrsverhältnissen).
Die Abfahrtszeit ändert sich nicht.

3 a) Flächeninhalt $A = 2{,}5\,m \cdot 4{,}8\,m = 12\,m^2$.
Die Zuordnung ist direkt proportional (je mehr Fläche, desto mehr Farbe).
$5\,m^2$ ≙ 0,5 ℓ; $1\,m^2$ ≙ 0,1 ℓ; $12\,m^2$ ≙ 1,2 ℓ
Mona muss 3 Dosen (1,5 ℓ) kaufen.
b) Bei gleichem Flächeninhalt ist das Produkt von Breite x und Länge y konstant; die Zuordnung ist also indirekt porportional und die Kurve eine Hyperbel.

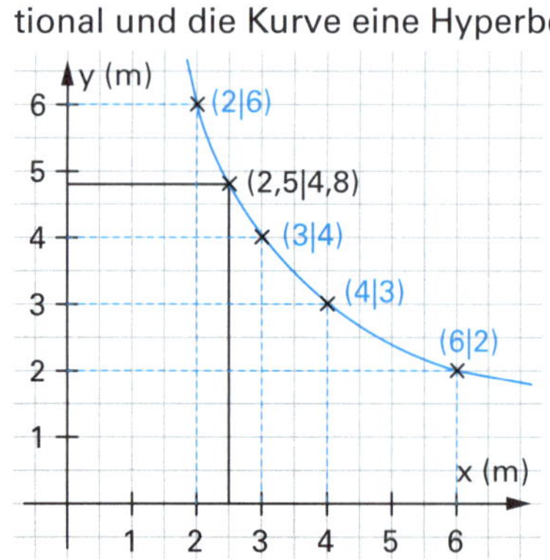

4 a) Quotient $\frac{y}{x} = \frac{15}{6} = 2\frac{1}{2} = 2{,}5 \Rightarrow$ (2|5); (18|45); (9|22,5); (36|90); (0,5|1,25)

b) Produkt $x \cdot y = 6 \cdot 15 = 90 \Rightarrow$ (2|45); (2|45); (9|10); (1|90); (0,5|180)

Test 4: Aufgaben für Experten

Seite 78–79

1 a)

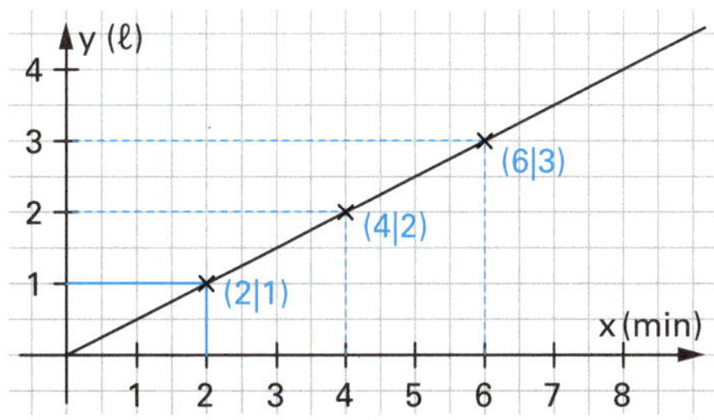

b)

x	1	3	2	6	4	10
y	0,5	1,5	1	3	2	5

$\frac{y}{x} = 0{,}5$

c) Zulauf: 1ℓ in 2min ≙ 3ℓ in 6min;
Ablauf: 0,5ℓ in 3min ≙ 1ℓ in 6min
Zulauf – Ablauf: 2ℓ in 6min
2ℓ ≙ 6min
1ℓ ≙ 6min : 2 = 3min
13ℓ ≙ 3min · 13 = 39min
Das Waschbecken läuft nach 39 Minuten über.

2 a) 8 A. ≙ 15d
1 A. ≙ 15d · 8 = 120d
6 A. ≙ 120d : 6 = 20d
6 Arbeiter benötigen 20 Tage.

b) 8m ≙ 2,5m
1m ≙ 2,5m · 8 = 20m
5m ≙ 20m : 5 = 4m
Die Kante a muss dann 4m lang sein.
Die ursprüngliche Länge von b beträgt $b = 20\,m^2 : 2{,}5\,m = 8\,m$, dies entspricht der Kantenlänge a = 2,5m (1. Zeile). Gesucht ist die Länge von a für b = 8m – 3m = 5m (3. Zeile).

3 a) Das Produkt der Zahlen muss dem Produkt des vorgegebenen Zahlenpaares, also 3 · 4 = 12 entsprechen; z. B.: (1|12), denn 1 · 12 = 12.

x (Zul.)	1	2	3	4	6
y (h)	12	6	4	3	2

b) Gehe von der Zahl 5 auf der x-Achse senkrecht hoch bis zur Kurve (Hyperbel) und dann waagerecht bis zur y-Achse. Dort liest du die gesuchte Zuflusszeit von ca. 2,4h ab.

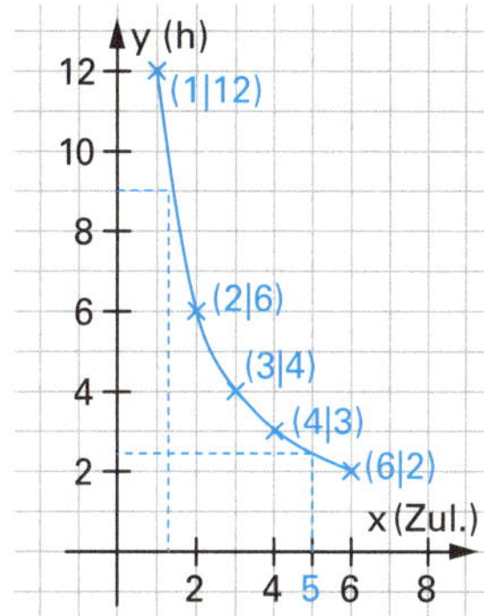

c) 2 Zuläufe füllen den Pool in 6 Stunden: 2Z. · 6h = 12Zh (Zh = „Zulaufstunden"). Nach 3h wurden erst 6 Zh erbracht, sodass die restlichen 12Zh – 6Zh = 6Zh von einem einzigen Zulauf erbracht werden müssen. Dieser Zulauf benötigt weitere 6Zh : 1Z = 6h. Insgesamt: 3h + 6h = 9h. Aus der Grafik liest man ab, dass der Füllzeit von 9h „effektiv" etwa 1,33 Zuläufe entsprechen (12Zh : 9h = $1{,}\overline{3}$Z).

4 a) $\frac{3}{4} ≙ \frac{1}{3}$

$1 ≙ \frac{1}{3} : \frac{3}{4} = \frac{4}{9}$

$\frac{2}{4} ≙ \frac{4}{9} \cdot \frac{2}{4} = \frac{2}{9}$

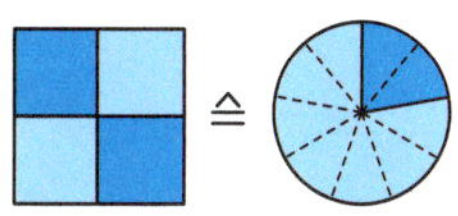

$\frac{2}{9}$ von 360° = 80°

b) $\frac{3}{4} ≙ \frac{1}{3}$

$1 ≙ \frac{1}{3} \cdot \frac{3}{4} = \frac{1}{4}$

$\frac{2}{4} ≙ \frac{1}{4} : \frac{2}{4} = \frac{1}{2}$

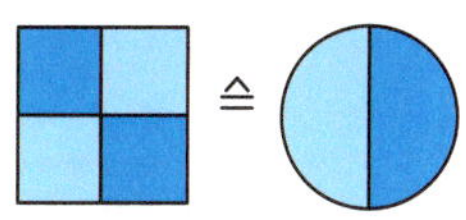

$\frac{1}{2}$ von 360° = 180°

Klassenarbeit Nr. 7

Seite 80–82

Falls nicht anders angegeben, gibt es für jede Teilaufgabe bzw. jeden Teilschritt einen Punkt.

1 Der Wert einer Größe x wird verdoppelt. Bei direkter Proportionalität muss sich der Wert von y verdoppeln. Bei indirekter Proportionalität muss sich der Wert von y halbieren. Die Zahlenpaare zweier Größen x und y werden in einer Wertetabelle notiert. Bei direkter Proportionalität muss der Quotient $\frac{x}{y}$ konstant sein, bei indirekter Proportionalität prüft man das Produkt $x \cdot y$ auf Konstanz. Bei Darstellungen im Achsenkreuz erkennt man die direkte Proportionalität an einer Geraden, die vom Ursprung aus verläuft und die indirekte Proportionalität an einer Kurve, die Hyperbel genannt wird.
(je 0,5 P.)

2 a) Der Faktor, mit dem man den x-Wert 10 multiplizieren muss, um den Wert 5 des zweiten Zahlenpaares zu erhalten, ist 0,5. Damit ergibt sich für den y-Wert des Zahlenpaares: $8 \cdot 0{,}5 = 4$, also (5|4). Verfahre mit den anderen Punkten nach dem gleichen Prinzip. (20|16), (2,5|2), (40|32) (je 0,5 P.)

b) Aus den x- und y-Werten 10 und 8 berechnet man das Produkt $10 \cdot 8 = 80$. Da das Produkt konstant bleiben muss, kannst du den gesuchten Wert immer finden, indem du dir überlegst, wie er sein muss, damit er mit dem bekannten Wert des Zahlenpaares das Produkt 80 bildet. Der y-Wert des ersten gesuchten Paares muss also 16 sein, denn $5 \cdot 16 = 80$, also (5|16). Verfahre mit den anderen Punkten nach dem gleichen Prinzip. (20|4), (40|2), (2,5|32). (je 0,5 P.)

c)

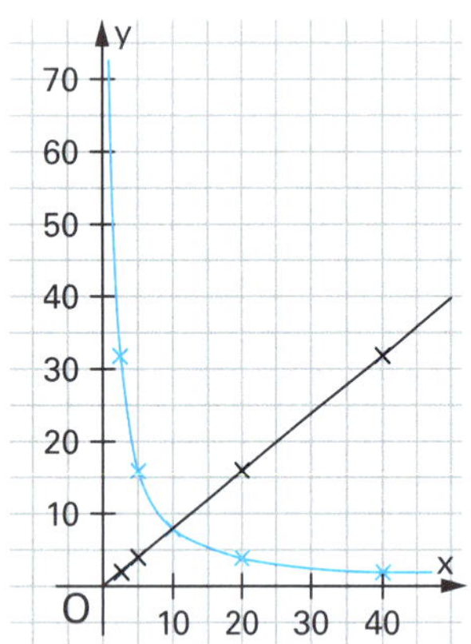

3 a) Je mehr desto mehr ⇒ p

b) Weder noch (Die Anzahl Handys pro Schüler ist nicht von der Anzahl der Schüler abhängig) ⇒ x

c) Je mehr desto weniger ⇒ ip

d) Stammbrüche haben alle den Zähler 1, also je größer der Nenner, desto kleiner der Wert des Bruches ⇒ ip

e) Je mehr desto mehr ⇒ p

4 a) Das gegebene Zahlenpaar führt auf $24:8 = 3$ ⇒ $12:3 = 4$, $6 \cdot 3 = 18$, also: proportional

x	4	6	8	12	64
y	12	18	24	36	192

(je 0,5 P.)

b) Das gegebene Zahlenpaar führt auf $24 \cdot 8 = 192$ ⇒ $192:12 = 16$, also: indirekt proportional

x	16	6	8	$5\frac{1}{3}$	64
y	12	32	24	36	3

(je 0,5 P.)

5 a) Je größer die Fläche, desto mehr Farbe ⇒ proportional
$75\,m^2 \mathrel{\hat{=}} 15\,\ell$
$1\,m^2 \mathrel{\hat{=}} 15\,\ell : 75 = 0{,}2\,\ell$
$224\,m^2 \mathrel{\hat{=}} 0{,}2\,\ell \cdot 224 = 44{,}8\,\ell$
Antwort: Hr. Gross bräuchte etwa 45 ℓ Farbe, also genau drei Eimer.

b) Je größer die Fläche, desto länger die Arbeitszeit ⇒ proportional
$25\,m^2 \mathrel{\hat{=}} 2$ Stunden = 120 min
$1\,m^2 \mathrel{\hat{=}} 120\,min : 25 = 4{,}8\,min$
$224\,m^2 \mathrel{\hat{=}} 4{,}8\,min \cdot 224 = 1075{,}2\,min$
$\approx 17\,h\ 55\,min$
Antwort: Hr. Gross bräuchte knapp 18 Stunden.

c) Je mehr Personen, desto weniger Arbeitszeit ⇒ indirekt proportional
$1\,h \mathrel{\hat{=}} 12{,}5\,m^2$
$1{,}5\,h \mathrel{\hat{=}} 18{,}75\,m^2$ Es sind noch
$224\,m^2 - 18{,}75\,m^2 = 205{,}25\,m^2$ übrig.
1 Person $\mathrel{\hat{=}} 205{,}25 \cdot 4{,}8\,min$
$= 985{,}2\,min$
3 Personen $\mathrel{\hat{=}} 985{,}2\,min : 3$
$= 328{,}4\,min \approx 5\,h\ 28\,min$
Wenn sie zu dritt weiterarbeiten, würde es noch rund $5\frac{1}{2}$ Stunden dauern, bis sie fertig sind.

6 a) 6 Arbeiter, 8 h Arbeit ⇒ 12 Tage
1 Arbeiter, 8 h Arbeit
⇒ $12\,Tage \cdot 6 = 72\,Tage$
1 Arbeiter, 1 h Arbeit
⇒ $72\,Tage \cdot 8 = 576\,Tage$
1 Arbeiter, 9 h Arbeit
⇒ $576\,Tage : 9 = 64\,Tage$
4 Arbeiter, 9 h Arbeit
⇒ $64\,Tage : 4 = 16\,Tage$.
Antwort: So dauert es insgesamt 16 Tage, bis die Bahn fertig ist. (2 P.)

b) Da schon 4 Tage vergangen sind, müssten die 4 Arbeiter noch 12 Tage nach dem alten Prinzip arbeiten. Da ein Hilfsarbeiter nur $\frac{2}{3}$ eines Gesellen leistet, kann man die 3 Hilfsarbeiter wie zwei Gesellen rechnen, denn $3 \cdot \frac{2}{3} = 2$. (2 P.)
4 Arbeiter, 9 h Arbeit ⇒ 12 Tage (Rest)
4 Arbeiter, 1 h Arbeit
⇒ $12\,Tage \cdot 9 = 108\,Tage$
6 Arbeiter, 1 h Arbeit
⇒ $432\,Tage : 6 = 72\,Tage$
6 Arbeiter, 8 h Arbeit
⇒ $72\,Tage : 8 = 9\,Tage$.
Antwort: Der Bau dauert nun also insgesamt $4 + 9 = 13$ Tage und damit einen mehr als ursprünglich geplant. (4 P.)

30–26 Punkte	25–15 Punkte	14–0 Punkte
Super!	In Ordnung!	Bitte noch einmal üben!

Kapitel 8: Prozentrechnung

Test 1: Prozentsätze bestimmen

Seite 86

1 a) $r = \frac{2}{5} = \frac{2 \cdot 20}{5 \cdot 20} = \frac{40}{100} \Rightarrow p\,\% = 40\,\%$

b) $r = \frac{7}{10} = \frac{7 \cdot 10}{10 \cdot 10} = \frac{70}{100} \Rightarrow p\,\% = 70\,\%$

c) $r = \frac{13}{40} = \frac{13 \cdot 2{,}5}{40 \cdot 2{,}5} = \frac{32{,}5}{100} \Rightarrow p\,\% = 32{,}5\,\%$

d) $r = 1\frac{3}{8} = \frac{11 \cdot 12{,}5}{8 \cdot 12{,}5} = \frac{137{,}5}{100} \Rightarrow p\,\% = 137{,}5\,\%$

2 a) $0{,}56 = \frac{56}{100} \Rightarrow p\,\% = 56\,\%$

b) $0{,}375 = \frac{375}{1000} = \frac{37{,}5}{100} \Rightarrow p\,\% = 37{,}5\,\%$

c) $0{,}0375 \approx 0{,}038 = \frac{3{,}8}{100} \Rightarrow p\,\% \approx 3{,}8\,\%$

d) $2{,}2075 \approx 2{,}208 = \frac{220{,}8}{100} \Rightarrow p\,\% \approx 220{,}8\,\%$

3 a) $22\,\% = 0{,}22 = \frac{22}{100} = \frac{11}{50}$

b) $5{,}5\,\% = 0{,}055 = \frac{55}{1000} = \frac{11}{200}$

c) $110\,\% = 1{,}1 = 1\frac{10}{100} = 1\frac{1}{10}$

d) $12{,}25\,\% = 0{,}1225 = \frac{1225}{10\,000} = \frac{49}{400}$

4 a) Der Kreis zeigt acht gleich große Teile, von denen drei dunkel gefärbt sind. Somit kannst du den relativen Anteil (Bruch) $r = \frac{3}{8}$ bilden. Wenn du jetzt auf den Nenner 100 erweiterst, erhältst du $r = \frac{3}{8} = \frac{375}{1000} = \frac{37{,}5}{100}$, oder den Prozentsatz: $p\,\% = 37{,}5\,\%$.

b) $r = \frac{1}{4} = \frac{25}{100} \Rightarrow p\,\% = 25\,\%$

c) $r = \frac{5}{16}$; $5 : 16 = 0{,}3125$

$\Rightarrow p\,\% = 31{,}25\,\%$

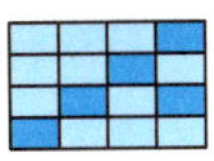

5 Überlege dir vorab, dass folgende Zahlenmengen benötigt werden:
Menge der blauen Zahlen:
$\mathbb{A} = \{1; 3; 6; 8; 9; 11; 14; 16\}$, das sind $a = 8$ Zahlen.
Menge der Primzahlen:
$\mathbb{B} = \{2; 3; 5; 7; 11; 13\}$, das sind $b = 6$ Zahlen.
Menge der blauen Primzahlen (= Schnittmenge): $\mathbb{A} \cap \mathbb{B} = \{3; 11\}$, das sind $c = 2$ Zahlen.

a) Mit $G = a = 8$ und $W = c = 2$ folgt:

$p\,\% = \frac{W}{G} = \frac{2}{8} = \frac{1}{4} = \frac{25}{100} = 0{,}25$; $p\,\% = 25\,\%$

b) Mit $G = b = 6$ und $W = c = 2$ folgt:

$p\,\% = \frac{W}{G} = \frac{2}{6} = \frac{1}{3} = \frac{33{,}\overline{3}}{100} = 0{,}\overline{3} \approx 33{,}3$

$p\,\% \approx 33{,}3\,\%$

Test 2: Prozentwerte bestimmen

Seite 87

1 a) $100\,\% \mathrel{\hat{=}} 140\,€$

$1\,\% \mathrel{\hat{=}} \frac{140\,€}{100}$

$12\,\% \mathrel{\hat{=}} \frac{140\,€}{100} \cdot 12 = 16{,}80\,€$

b) $100\,\% \mathrel{\hat{=}} 56\,\text{kg}$

$10\,\% \mathrel{\hat{=}} \frac{56\,\text{kg}}{10}$

$40\,\% \mathrel{\hat{=}} \frac{56\,\text{kg}}{100} \cdot 4 = 22{,}40\,\text{kg}$

2 a) $W = \frac{G \cdot p}{100} = \frac{29 \cdot 7{,}24}{100} = 39 \cdot 0{,}724 \approx 21$

21 Schülerinnen und Schüler wählten Tanja.

b) Nach Abzug des Rabatts bezahlt Klaus noch $100\,\% - 8\,\% = 92\,\%$ des Kaufpreises: $W = \frac{G \cdot p}{100} = \frac{340\,€ \cdot 92}{100} = 312{,}80\,€$.

(Wenn du hier mit 8 % statt mit 92 % rechnest, dann erhältst du den Preisnachlass von 27,20 €, den du dann noch von 340 € abziehen musst.)

3 Nimm 950 als Grundwert G und lies die Prozentzahlen aus dem Diagramm ab.

Unterstufe:
$W = \frac{G \cdot p}{100} = \frac{950 \cdot 30}{100} = 950 \cdot 0{,}3 = 285$

Mittelstufe:
$W = \frac{G \cdot p}{100} = \frac{950 \cdot 50}{100} = 950 \cdot 0{,}5 = 475$

Oberstufe:
$W = \frac{G \cdot p}{100} = \frac{950 \cdot 20}{100} = 950 \cdot 0{,}2 = 190$

Schülerinnen und Schüler

4 Berechne zuerst das prozentuale Vorkommen jeder Note $\left(p\,\% = \frac{W}{G};\ G = 25\right)$ und dann die entsprechenden Teilwinkel des Vollkreises $\left(W = \frac{G \cdot p}{100};\ G = 360°\right)$.

Insgesamt hat die Klasse 25 Schüler; es ist also $G = 25$.

Note	Prozentsatz (p) %	Winkelmaße (w)
1:	$\frac{3}{25} = 12\,\%$	$360° \cdot \frac{12}{100} = 43{,}2°$
2:	$\frac{6}{25} = 24\,\%$	$360° \cdot \frac{24}{100} = 86{,}4°$
3:	$\frac{10}{25} = 40\,\%$	$360° \cdot \frac{40}{100} = 144{,}0°$
4:	$\frac{4}{25} = 16\,\%$	$360° \cdot \frac{16}{100} = 57{,}6°$
5:	$\frac{2}{25} = 8\,\%$	$360° \cdot \frac{8}{100} = 28{,}8°$

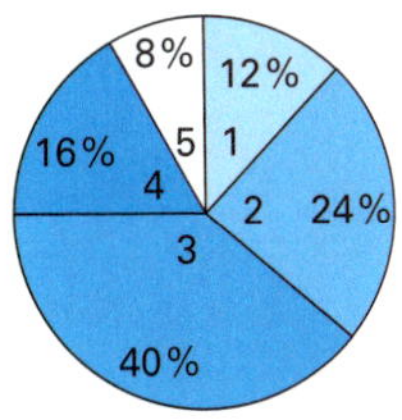

Test 3: Rechnen mit Prozenten, Darstellung **Seite 88**

1 a) $18\,\% \mathrel{\hat{=}} 270\,m$

$1\,\% \mathrel{\hat{=}} \frac{270\,m}{18}$

$100\,\% \mathrel{\hat{=}} \frac{270\,m}{18} \cdot 100 = 1500\,m$

b) $35\,\% \mathrel{\hat{=}} 21\,€$

$5\,\% \mathrel{\hat{=}} \frac{21\,€}{7}$

$100\,\% \mathrel{\hat{=}} \frac{21\,€}{7} \cdot 20 = 60\,€$

2 a) 5 % von 30 €

$= \frac{30\,€ \cdot 5}{100} = \frac{150}{100}\,€ = 1{,}5\,€$

= 150 Cent

b) 15 % von 50 kg

$= \frac{50\,kg \cdot 15}{100} = \frac{750}{100}\,kg = 7{,}5\,kg$

= 7500 g

c) 25 % von $16\,m^2$

$= \frac{16\,m^2 \cdot 25}{100} = \frac{400}{100}\,m^2 = 4\,m^2$

$= 400\,dm^2$

d) 125 % von $80\,cm^3$

$= \frac{80\,cm^3 \cdot 125}{100} = \frac{10\,000}{100}\,cm^3$

$= 100\,cm^3 = 0{,}1\,dm^3$

e) 1,5 % von 80 %

$= \frac{80\,\% \cdot 1{,}5}{100} = \frac{120}{100}\,\% = 1{,}2\,\%$

= 12 ‰ (Promille)

f) 0,5 % von $2\,m^3$

$= \frac{2\,m^3 \cdot 0{,}5}{100} = \frac{1}{100}\,m^3 = \frac{1000}{100}\,dm^3 = 10\,dm^3$

$= 10\,000\,cm^3$

3 a) $G = \frac{W \cdot 100}{p} = \frac{20{,}90\,€ \cdot 100}{3{,}8} = 550\,€$

⇒ Oliver hat 550 € angelegt.

b) Die 228 aufgeklärten Straftaten entsprechen $100\,\% - 12\,\% = 88\,\%$ aller Straftaten:

$G = \frac{W \cdot 100}{p} = \frac{228 \cdot 100}{88} = 259{,}09 \approx 259$

Insgesamt wurden 259 Straftaten begangen.

(Hinweis: Die exakte Prozentzahl aufgeklärter Straftaten beträgt

$p\,\% = \frac{W}{G} = \frac{228}{259} = 88{,}0308\ldots\,\%$

Zwangsläufig rechnet man aber mit der ganzzahlig gerundeten Prozentzahl $88 = 100 - 12$, muss dann dafür aber den Grundwert 259,09 ganzzahlig auf 259 abrunden.)

4 a) 11 % nutzen diese Medien 2- bis 3-mal pro Woche.

b)

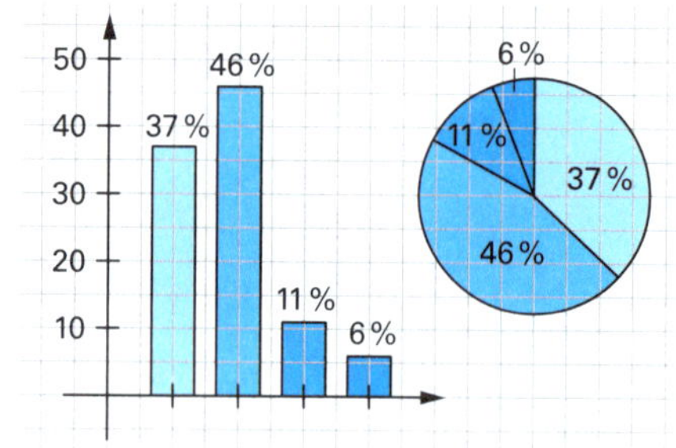

In einem Säulendiagramm kann man die Größenunterschiede der einzelnen Anteile besser erkennen, in einem Kreisdiagramm sieht man schneller, welche Anteile zusammen z. B. eine Mehrheit bilden (mehr als ein Halbkreis). Daher wird das Kreisdiagramm auch häufig bei Wahlergebnissen eingesetzt (vgl. Beispiel „Landtagswahl", Seite 85).

Test 4: Aufgaben für Experten **Seite 89**

1 Mit $W = 5\,cm \cdot 5\,cm = 25\,cm^2$ und $p = 14{,}8$ ist der Flächeninhalt des ganzen Quadrats

$G = \frac{W \cdot 100}{p} = \frac{25\,cm^2 \cdot 100}{14{,}8} \approx 168{,}9\,cm^2$

$\approx 169\,cm^2$.

Wegen $13\,cm \cdot 13\,cm = 169\,cm^2$ beträgt die Kantenlänge ca. 13 cm.

2 $\frac{3}{4} = \frac{75}{100} \Rightarrow p\,\% = 75\,\%$.

Zahl der abgegebenen Stimmen (W_1):

$W_1 = \frac{20\,000 \cdot 65}{100} = 200 \cdot 65 = 13\,000.$

Stimmen für den Bürgermeister (W_2):

$W_2 = \frac{13\,000 \cdot 75}{100} = 130 \cdot 75 = 9750 < 10\,000.$

Antwort: Simon hat also recht.

3 Mache dir zunächst folgende Zusammenhänge klar:

Landfläche	Wasserfläche	Erdoberfläche (500 Mio. km^2)
42,9 %	100 %	142,9 %
Prozentwert W_1	Grundwert G	Prozentwert W_2

Wasserfläche:

$G = \frac{W_2 \cdot 100}{p} = \frac{500\,\text{Mio.}\,km^2 \cdot 100}{142{,}9}$

$\approx 350\,\text{Mio.}\,km^2$;

$p\,\% = \frac{W}{G} = \frac{350\,\text{Mio.}\,km^2}{500\,\text{Mio.}\,km^2} = \frac{70}{100}$; $p\,\% = 70\,\%$

Landfläche: $100\,\% - 70\,\% = 30\,\%$

4 a) Bei der Preiserhöhung kommen 12 % vom ursprünglichen Preis dazu. Bei der Preissenkung gehen aber 12 % vom erhöhten Preis ab und da der erhöhte Preis mehr ist als der ursprüngliche, müssen 12 % davon auch mehr sein als 12 % vom ursprünglichen. Das Möbelstück muss insgesamt also etwas billiger sein als ursprünglich.

b) Diese Aufgabe lässt sich mit einer allgemeinen Rechnung lösen. W_1 soll der Prozentwert nach der Erhöhung, W_2 der nach der Preissenkung sein. Es gilt:

$W_1 = \frac{G \cdot 112}{100} = G \cdot 1{,}12$

Der „Grundwert" für die Preissenkung ist der Prozentwert der Erhöhung, also

$W_2 = \frac{W_1 \cdot 88}{100} = W_1 \cdot 0{,}88$.

Mit dem ersten „Ergebnis" ergibt sich

$W_2 = G \cdot 1{,}12 \cdot 0{,}88 = G \cdot 0{,}9856$.

Antwort: Nach der Preissenkung kostet das Möbelstück also noch etwa 98,6 % des ursprünglichen Preises.

c) In der Rechnung in b) kann man erkennen, dass es keinen Unterschied macht, ob man G zunächst mit 1,12 (Erhöhung) und anschließend mit 0,88 multipliziert (Senkung), oder anders herum (zuerst Senkung, dann Erhöhung). Es gilt:

$G \cdot 1{,}12 \cdot 0{,}88 = G \cdot 0{,}88 \cdot 1{,}12 = G \cdot 0{,}9856$

Klassenarbeit Nr. 8 — Seite 90–91

Falls nicht anders angegeben, gibt es für jede Teilaufgabe bzw. jeden Teilschritt einen Punkt.

1 Bei einem Bruch mit dem Nenner 100 heißt der Zähler Prozentzahl p. Der Prozentsatz ergibt sich daraus zu $p\,\% = \frac{p}{100}$. Ein Dezimalbruch wird in einen Prozentsatz verwandelt, indem man das Komma um 2 Stellen nach rechts verschiebt. Die Angabe $p\,\% = 60\,\%$ entspricht dem relativen Anteil $r = \frac{60}{100} = \frac{3}{5}$ und besagt, dass 3 von 5 Teilen gemeint sind. Der durch einen Prozentsatz erfasste Anteil vom Ganzen heißt Prozentwert W, das Ganze selbst wird Grundwert G genannt und entspricht stets 100 %.
(je 0,5 P.)

2

8%	45 %	13 %	50 %	$66{,}\overline{6}\,\%$ ≈ 66,7 %
0,08	0,45	0,13	0,5	$0{,}\overline{6}$
$\frac{8}{100}$	$\frac{45}{100}$	$\frac{13}{100}$	$\frac{50}{100}$	$\frac{66{,}\overline{6}}{100}$
$\frac{2}{25}$	$\frac{9}{20}$	$\frac{13}{100}$	$\frac{1}{2}$	$\frac{2}{3}$

(pro Spalte 1 P.)

3 a) $r = \frac{8}{25}$; $p\,\% = 32\,\%$

b) $r = \frac{8}{17}$; $p\,\% \approx 47{,}1\,\%$

c) $r = \frac{17}{8} = 2\frac{1}{8}$; $p\,\% = 212{,}5\,\%$

(je 2 P.)

4 a) $275\,\text{P.} \mathrel{\widehat{=}} 100\,\%$

$1\,\text{P.} \mathrel{\widehat{=}} \frac{100\,\%}{275}$

$44\,\text{P.} \mathrel{\widehat{=}} \frac{100\,\%}{275} \cdot 44 = 16\,\%$

b) $100\,\% \mathrel{\widehat{=}} 275\,\text{P.}$

$1\,\% \mathrel{\widehat{=}} \frac{275\,\text{P.}}{100}$

$44\,\% \mathrel{\widehat{=}} \frac{275\,\text{P.}}{100} \cdot 44 = 121\,\text{P.}$

c) $40\,\% \mathrel{\widehat{=}} 44\,\text{P.}$

$20\,\% \mathrel{\widehat{=}} \frac{44\,\text{P.}}{2}$

$100\,\% \mathrel{\widehat{=}} \frac{44\,\text{P.}}{2} \cdot 5 = 110\,\text{P.}$ (je 2 P.)

5 Erwerbstätige:

$p\,\% = 100\,\% - (24\,\% + 32\,\%) = 44\,\%$

⇒ Gesamtzahl der Mitglieder

$G = \frac{W \cdot 100}{p} = \frac{17\,600 \cdot 100}{44} = 40\,000$

Jugendliche: $W = \frac{G \cdot p}{100} = \frac{40\,000 \cdot 24}{100} = 9600$

Rentner: $40\,000 - (17\,600 + 9600) = 12\,800$

6 Der Grundwert G ist der Umfang des Kreises. Es gilt $G = 2 \cdot \pi \cdot r \approx 2 \cdot 3{,}14 \cdot r = 6{,}28 \cdot r$.
(1 P.)

Der Prozentwert ist der Umfang des regelmäßigen Sechsecks. Es gilt $W = 6 \cdot r$. (1 P.)

Mit der Formel $p\,\% = \frac{W}{G}$ folgt

$p\,\% = \frac{6\,r}{6{,}28\,r} = \frac{6}{6{,}28} \approx 0{,}955 = 95{,}5\,\%$.

Die Aussage stimmt also unabhängig vom Radius. (3 P.)

30–26 Punkte	25–15 Punkte	14–0 Punkte
Super!	In Ordnung!	Bitte noch einmal üben!

Kapitel 9: Daten und Wahrscheinlichkeiten

Test 1: Häufigkeit; Laplace-Wahrscheinlichkeit — Seite 96

1 a) Für die relative Häufigkeit h gilt $h = \frac{H}{n}$.
Aus den Werten bei den Pferden folgt:
$\frac{1}{3} = \frac{50}{n} \Rightarrow n = 150$. Es wurden 150 Schülerinnen und Schüler befragt.

b)

Pferde	Hunde	Katzen	sonstige
50	150 – 105 = 45	40	15
$\frac{1}{3}$	$\frac{45}{150} = \frac{3}{10}$	$\frac{40}{150} = \frac{4}{15}$	$\frac{1}{10}$

c)

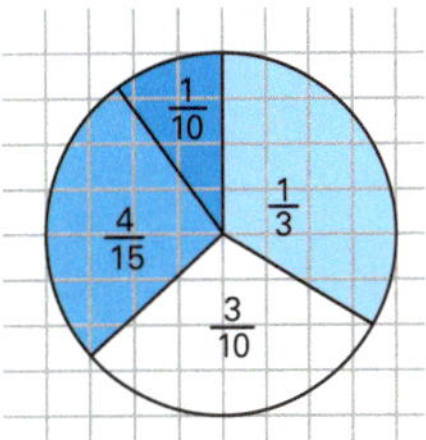

2 ☒ Werfen eines fairen Würfels
☒ Kugel aus einer Urne ziehen
(Das Ziehen von Kugeln ist jedoch nur dann ein Laplace-Experiment, wenn es sich um gleichartige Kugeln handelt.) Beim **gezinkten** Würfel und beim Reißzwecken-Werfen sind die Chancen für die Ergebnisse nicht gleich, was aber wesentliche Voraussetzung für ein Laplace-Experiment ist.

3 Möglich sind jeweils die sechs Augenzahlen 1, 2, ... 6. S = {1; 2; 3; 4; 5; 6}
a) A = {2} $\Rightarrow$ $p(A) = \frac{1}{6}$
b) B = {5} $\Rightarrow$ $p(B) = \frac{1}{6}$
c) C = {1; 3; 5} $\Rightarrow$ $p(C) = \frac{3}{6} = \frac{1}{2}$
d) D = {3; 4; 5; 6} $\Rightarrow$ $p(D) = \frac{4}{6} = \frac{2}{3}$
e) E = { } $\Rightarrow$ $p(E) = \frac{0}{6} = 0$

4 a) Alle Zahlenfelder bestehen aus gleich breiten Kreissektoren. Deshalb sind die Chancen für alle Zahlen gleich. Chancengleichheit ist die wesentliche Voraussetzung für ein Laplace-Experiment.
b) Möglich sind jeweils die acht Gewinnzahlen 1, 2, ..., 8.
A = {6; 7; 8} $\Rightarrow$ $p(A) = \frac{3}{8}$
B = {1; 2; 3; 4; 5} $\Rightarrow$ $p(B) = \frac{5}{8}$
C = {2; 3; 5; 7} $\Rightarrow$ $p(C) = \frac{4}{8} = \frac{1}{2}$

Test 2: Wahrscheinlichkeiten bestimmen — Seite 97

1 a) Mit wachsender Anzahl n stabilisieren sich die relativen Häufigkeiten h(6) bei $p(6) \approx 0{,}183$.
b) Für einen fairen Würfel beträgt die Laplace-Wahrscheinlichkeit $p(1) = \frac{1}{6} \approx 0{,}167$ und liegt damit knapp 10 % unter dem experimentell bestimmten Wert aus Teilaufgabe a).
Timos Würfel ist offensichtlich nicht fair.

2 a) Die beiden Positionen (A) und (B) sind nicht symmetrisch zueinander, sodass man nicht von gleichen Chancen ausgehen darf. Die Laplace-Formel darf in solchen Fällen nicht angewendet werden.
b) Tabelle siehe unten.
c) Die Grafik zeigt, dass sich die relativen Häufigkeiten bei $p(A) \approx 0{,}604$ stabilisieren. Hinweis: Auch bei einer Fortsetzung des Experimentes werden sich die Werte nicht mehr nennenswert von Wert $p(A) = 0{,}604$ entfernen. Sinnvoll wäre die gerundete Angabe $p(A) = 0{,}60$, mit der gleichzeitig gesagt wird, dass evtl. noch mit Abweichungen ab der dritten Dezimalstelle zu rechnen ist.

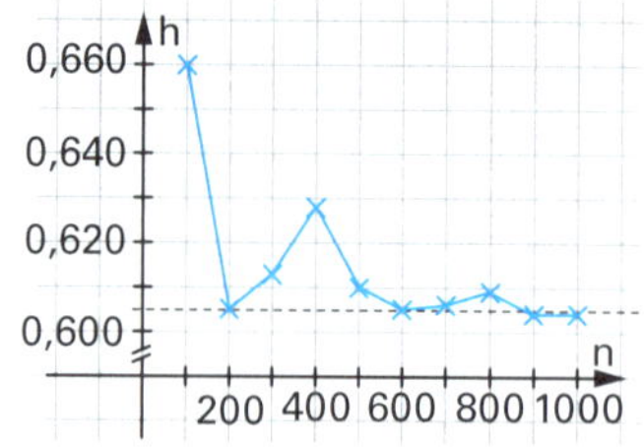

d) Bei jedem Wurfexperiment mit der Reißzwecke muss entweder „die Position (A) *oder* die Position (B)" eintreten. Das kombinierte Ereignis „Position (A) oder Position (B)" tritt zu 100 %, d. h. mit absoluter Sicherheit ein, und daher muss $p(A) + p(B) = 1$ sein. Man sagt auch, dass „Position (B)" das **Gegenereignis** von „Position (A)" ist. Kennst du also p(A), dann rechnest du einfach mit der Formel **p(B) = 1 – p(A)** die **Gegenwahrscheinlichkeit** aus, hier also:
p(B = 1 – 0,6 = 0,4
(oder auch 100 % – 60 % = 40 %).

Test 3: Mit Wahrscheinlichkeiten rechnen — Seite 98

1 a) Der nächste Pkw ist mit $p \approx \frac{46}{184} = 0{,}25$, also zu 25 % silbergrau.
b) Ein zufällig parkender Fahrer ist mit der Wahrscheinlichkeit $p \approx \frac{106}{23000} = 0{,}0046$ gehbehindert.
Also braucht man $0{,}0046 \cdot 1000 = 4{,}6 \approx 5$ Plätze für Gehbehinderte.
c) Die Wahrscheinlichkeit für eine freie Leitung (F) beträgt $p(F) \approx \frac{119}{340} = 0{,}35$.
Die Gegenwahrscheinlichkeit dazu beträgt 1 – 0,35 = 0,65.
Die Leitung ist mit einer Wahrscheinlichkeit von 65 % besetzt.

2 a) $p_A = \frac{54}{400} = 0{,}135$.
Weil dieser Wert außerhalb des Bereichs eines fairen Würfels liegt, beurteilt Achim den Würfel als gezinkt.
b) $p_B = \frac{96}{600} = 0{,}160$, innerhalb der Grenzen.
Bettina hält den Würfel für fair.
c) Bettina hat öfter als Achim gewürfelt, deshalb kann man ihrem Ergebnis die

Tabelle zu Test 2, Aufgabe 2

n	100	200	300	400	500	600	700	800	900	1000
H(A)	66	121	184	251	305	363	424	487	544	604
h(A)	0,660	0,605	0,613	0,628	0,610	0,605	0,606	0,609	0,604	0,604

größere Zuverlässigkeit zusprechen. Grundsätzlich sind aber beide Beurteilungen nicht absolut sicher, sie sollten deshalb noch öfter würfeln.

3 a) Trage zunächst die im Aufgabentext genannten Daten ein (schwarz) und berechne hieraus, wie gezeigt, die fehlenden Werte.

	schwarz	braun	Summe
gescheckt	14	22 – 14 = 8	22
nicht gescheckt	24 – 14 = 10	18 – 10 = 8	40 – 22 = 18
Summe	24	40 – 24 = 16	40

b) Alle Fragestellungen lassen sich durch Berechnung von Laplace-Wahrscheinlichkeiten beantworten. Mit den Werten aus Teilaufgabe a):

(1) $p = \frac{16}{40} = \frac{2}{5} = 0{,}4$ (40 %)

(2) $p = \frac{18}{40} = \frac{9}{20} = 0{,}45$ (45 %)

(3) $p = \frac{8}{16} = \frac{1}{2} = 0{,}5$ (50 %)

Test 4: Zweistufige Zufallsexperimente

Seite 99

1 a) (1)

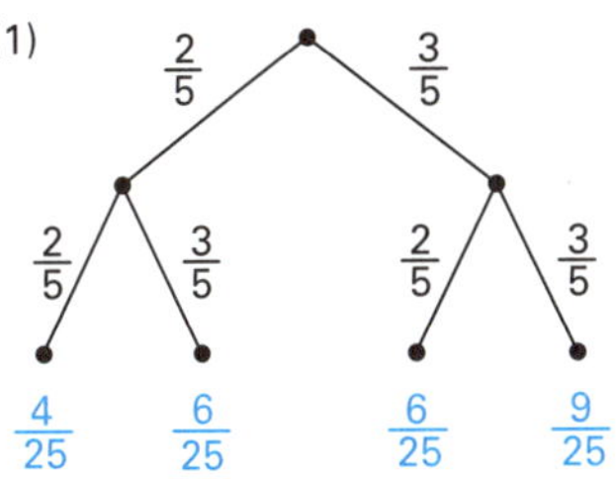

(2)

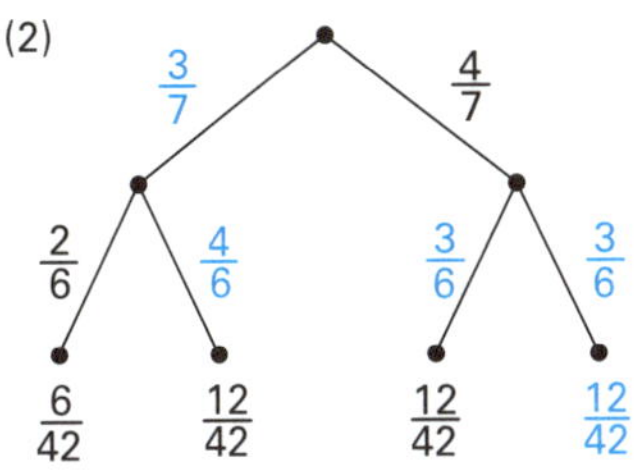

b) zu (1): Die Urne enthält 2 weiße und 3 schwarze Kugeln, insgesamt also 5 Kugeln. Die Pfade für eine weiße Kugel verzweigen nach links, für eine schwarze Kugel nach rechts. Die unveränderten Wahrscheinlichkeiten für den zweiten Zug zeigen an, dass die im ersten Zug gezogene Kugel vor dem zweiten Zug zurückgelegt wird („Ziehen mit Zurücklegen").

zu (2): Die Urne enthält 3 weiße und 4 schwarze Kugeln, insgesamt also 7 Kugeln. Die Pfade für eine weiße Kugel verzweigen nach links, für eine schwarze Kugel nach rechts. Die veränderten Wahrscheinlichkeiten für den zweiten Zug zeigen an, dass die im ersten Zug gezogene Kugel vor dem zweiten Zug nicht zurückgelegt wird („Ziehen ohne Zurücklegen").

2 a) Wahrscheinlichkeit für passende Paare (in der Zeichnung grau und blau): 0,28 + 0,18 = 0,46. Die Gegenwahrscheinlichkeit (1 – 0,46 = 0,54) entspricht der Gesamtwahrscheinlichkeit für ein nicht passendes Paar und ist größer.

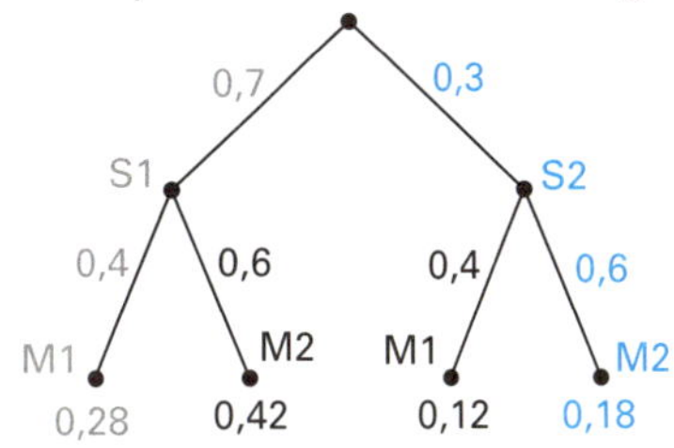

3 a) (1)

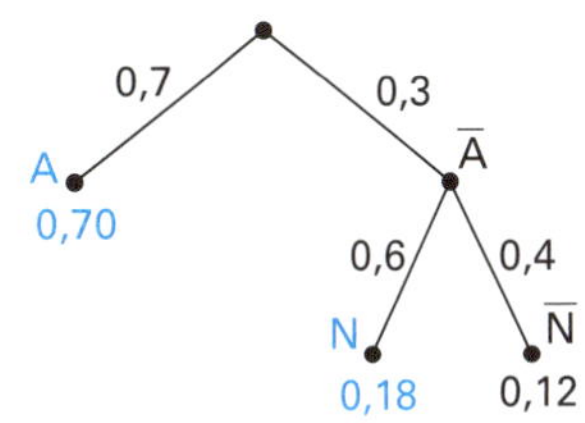

(2)

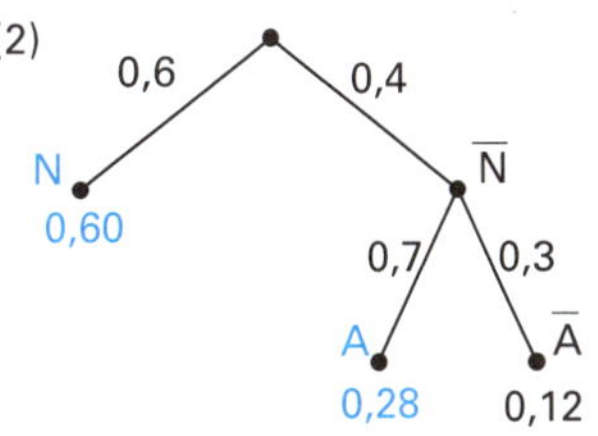

b) (1): p = 0,70 + 0,18 = 0,88
(2): p = 0,60 + 0,28 = 0,88
Unabhängig von der Reihenfolge kann Karin mit 88%iger Wahrscheinlichkeit geholfen werden. Natürlich wird Karin zuerst Anja anrufen, denn dann kann sie mit einer größeren Wahrscheinlichkeit auf den zweiten Anruf verzichten.

Klassenarbeit Nr. 9

Seite 100–101

Falls nicht anders angegeben, gibt es für jede Teilaufgabe bzw. jeden Teilschritt einen Punkt.

1 a) Da man nur beim Menü eine absolute Häufigkeit hat, muss man zuerst die dazugehörige relative Häufigkeit berechnen. Da die Summe der relativen Häufigkeiten 1 ergeben muss gilt:

$1 - \frac{1}{3} - \frac{3}{10} - \frac{7}{60} = \frac{60}{60} - \frac{20}{60} - \frac{18}{60} - \frac{7}{60} = \frac{15}{60} = \frac{1}{4}$

Bei Menü gilt also $h = \frac{1}{4}$.
Wenn $\frac{1}{4}$ aller Befragten 150 Schüler waren, dann wurden insgesamt $4 \cdot 150 = 600$ Schüler befragt. (3 P.)

b)

	Nudeln	Pizza	Menü	sonst.
H	$600 \cdot \frac{1}{3} = 200$	$600 \cdot \frac{3}{10} = 180$	150	$600 \cdot \frac{7}{60} = 70$
h	$\frac{1}{3}$	$\frac{3}{10}$	$\frac{1}{4}$	$\frac{7}{60}$

(je 0,5 P.)

c)

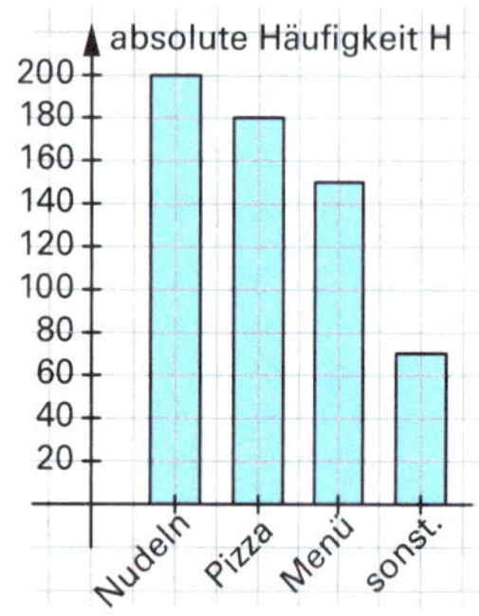

(je Säule 0,5 P.)

2 a) Damit es sich um ein Laplace-Experiment handelt, müssen alle Sektoren gleich groß sein, also $360° : 6 = 60°$. Jeder Sektor muss einen Winkel von 60° haben.

b) $p(A) = \frac{1}{6}$

c) Primzahlen sind 2, 3 und 5. Somit gilt $p(B) = \frac{3}{6} = \frac{1}{2}$.

3 Das Alphabet hat 26 Buchstaben. Weil von den 26 Kugeln bereits 3 Kugeln gezogen wurden, sind noch 23 Kugeln (Buchstaben) möglich.

a) Günstig ist ein Buchstabe von 23, nämlich das T $\Rightarrow p(T) = \frac{1}{23}$.

b) Das Alphabet enthält 26 Buchstaben; 5 Vokale und 21 Konsonanten, von den bereits zwei, nämlich die Konsonanten F und S gezogen wurden. Günstig sind daher die $21 - 2 = 19$ verbleibenden Konsonanten $\Rightarrow p = \frac{19}{23}$.

c) Notiere die Vorgänger und Nachfolger: E-**F**-G , D-**E**-F und R-**S**-T. Weil der Nachfolger von E und der Vorgänger von F schon gezogen wurden, verbleiben vier günstige Buchstaben, nämlich D, G, R und T $\Rightarrow p = \frac{4}{23}$.

(je Teilaufgabe 2 P.)

4 a) $p = \frac{1}{12}$ b) $p = \frac{1}{365}$

5 a) (1): mögliche Fläche A; günstige Fläche $0{,}5A \Rightarrow p = \frac{0{,}5A}{A} = 0{,}5$ (2 P.)

(2): mögliche Fläche A; günstige Fläche $\frac{5}{9}A \Rightarrow p = \frac{\frac{5}{9}A}{A} = \frac{5}{9}$ (2 P.)

b) Stelle dir vor, dass eine Plattenfläche aus beliebig vielen Punkten besteht, die von einem Regentropfen alle mit gleicher Chance getroffen werden können. Zwar kann man die unbegrenzte Anzahl dieser Punkte nicht mehr abzählen, man kann aber dennoch sagen, dass ihre Anzahl proportional zur betrachteten (Teil-) Fläche sein muss. Somit stehen hier die Flächeninhalte der betrachteten (Teil-) Flächen in der Laplace-Formel. (2 P.)

6 a)

		2. Würfel			
	+	1	2	3	4
1. Würfel	1	2	3	4	5
	2	3	4	5	6
	3	4	5	6	7
	4	5	6	7	8

b)

x_i	2	3	4	5	6	7	8
p_i	$\frac{1}{16}$	$\frac{2}{16}$	$\frac{3}{16}$	$\frac{4}{16}$	$\frac{3}{16}$	$\frac{2}{16}$	$\frac{1}{16}$

c)

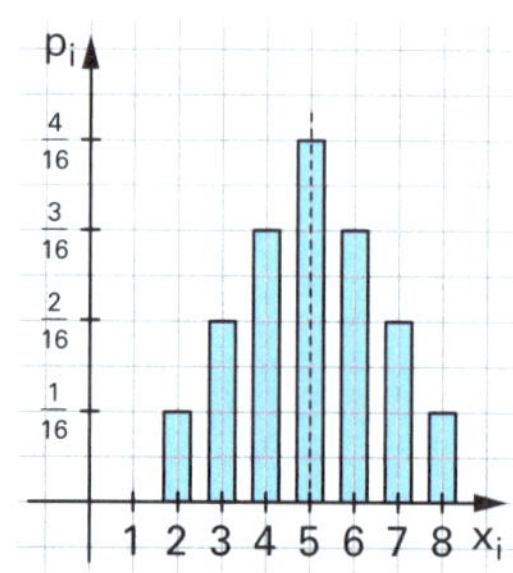

(je Teilaufgabe 2 P.)

30–26 Punkte	25–15 Punkte	14–0 Punkte
Super!	In Ordnung!	Bitte noch einmal üben!

Stichwortregister

A

Abbildung 49
absolute Häufigkeiten 92
Achsenkreuz 73
Achsenspiegelung 50
Achsensymmetrie 50

B

Baumdiagramm 95
Betrag 30
Bildpunkt 49
Bruchstrich 6

D

Datenerhebung 92
Dezimalbrüche 18
Dezimalschreibweise 18
Diagramme 85
Doppelbrüche 8
Drehrichtung 49
Drehwinkel 49
Dreieck 59, 60
Dreisatzrechnung 71, 72
Durchmesser 38

E

echter Bruch 6
Elementarereignis 93
Ereignis 93
Ergebnismenge 93

F

Fixpunkt 49
Flächeninhalt 60

G

ganze Zahlen 30
Gegenereignis 93
Gegenwinkel 41
Gegenzahl 30
gemischte Zahl 6, 7
Gesetz der großen Zahlen 94
gestreckter Winkel 39
gleichnamig 7
Grundwert 84

H

Hauptnenner 7
Höhe 60

K

kleinstes gemeinsames Vielfache (kgV) 7
Kommutativgesetz 31
Konstanz des Produktes 71
Konstanz des Quotienten 70
Kreis 61
Kreise 38
Kreiszahl π (pi) 61

L

Laplace-Experiment 93
Laplace-Formel 93
Lottoziehung 93

M

Maßangaben, dezimale 21
Merkmal 92

N

natürliche Zahlen 30
Nebenwinkel 41
negative Zahlen 30
Nenner 6
Nullpunkt 73
Nullwinkel 39

O

orthogonal 50

P

Parallelogramm 59, 60
Passante 38
Pfadregel 95
Proportionalität 70, 71
Prozentangaben 9, 83
Prozentsatz 83
Prozentwert 84
Prozentzahl 83
Punktspiegelung 50
Punktsymmetrie 50

Q

Quadrat 59, 60

R

Radius 38
rationale Zahlen 30
Rechengesetze 32
Rechteck 59, 60
rechter Winkel 39
relative Häufigkeiten 92
relativer Anteil 83
Runden 19

S

Scheitel 39
Scheitelwinkel 41
Schenkel 39
Sehne 38
Sekante 38
spitzer Winkel 39
Stammbruch 6
Stellenwerttafel 18
Stichprobenumfang 92
Stufenwinkel 41
stumpfer Winkel 39
Symmetrie 50

T

Tangente 38

U

überstumpfer Winkel 39
Uhrzeiten 21
Umfang 59
unechter Bruch 6
Ursprung 73

V

Verschiebung 49
Verschiebungspfeil 49
Vielecke 61
Vierfelder-Tafel 98
Vollwinkel 39
Vorzeichen 30

W

Wechselwinkel 41
Werfen einer Münze 93
Wertetabelle 70
Winkel 39
Winkel zeichnen 40
Würfeln 93

Z

Zahlenmengen 30
Zahlenpaar 70
Zähler 6
Zentrum 49
Zufallsexperiment 93
Zuordnung 70
zweistufige Zufallsexperimente 95

2in1
zum Nachschlagen

978-3-507-22372-1
€ (D) 12,95

ISBN 978-3-507-22380-6 • € (D) 12,95

Doppelt lernt besser

Das praktische Nachschlagewerk mit Kompaktausgabe für unterwegs

- Übersichtlich und klar im Aufbau
- Anschaulich erklärte Regeln und Formeln
- Viele Beispiele zum besseren Verständnis

2in1 zum Nachschlagen gibt es für die Fächer **Deutsch** und **Mathematik** sowie für die Fremdsprachen **Englisch, Französisch, Latein** und **Spanisch.**

ISBN 978-3-507-22375-2 • € (D) 12,95